孩子，
你终将会长大

>青蘅 编<

应急管理出版社

·北京·

图书在版编目（CIP）数据

孩子，你终将会长大 / 青薷编． -- 北京：应急管理出版社，2025． -- ISBN 978-7-5237-1210-8

Ⅰ．B84-49

中国国家版本馆 CIP 数据核字第 2025LD3437 号

孩子　你终将会长大

编　　者	青　薷
责任编辑	田思腾
封面设计	臻　晨

出版发行　应急管理出版社（北京市朝阳区芍药居 35 号　100029）
电　　话　010-84657898（总编室）　010-84657880（读者服务部）
网　　址　www.cciph.com.cn
印　　刷　山东博雅彩印有限公司
经　　销　全国新华书店
开　　本　710mm×1000mm$^1/_{16}$　印张　8　字数　90 千字
版　　次　2025 年 7 月第 1 版　2025 年 7 月第 1 次印刷
社内编号　20250197　　　　　定价　59.80 元

版权所有　违者必究

本书如有缺页、倒页、脱页等质量问题，本社负责调换，电话：010-84657880

前言

小朋友，你有没有好奇过，为什么有的小朋友在课堂上总能自信满满地回答问题，而有的小朋友在面对难题时有些手足无措呢？其实，这里面藏着一个小秘密——那就是努力与坚持的力量。

在这个世界上，每个人都是自己生活的主角。看看周围的小朋友，有的在舞台上翩翩起舞，有的在运动场上挥汗如雨，还有的在书本的海洋中遨游。他们都在用自己的方式，努力成为更好的自己。那么，你呢？你的梦想是什么？你希望在自己的故事里扮演什么样的角色呢？

这本书就是为你准备的，它想和你一起探讨努力的意义，分享那些通过努力改变自己、实现梦想的故事。我们不仅要读故事，还要从中汲取力量，勇敢地面对生活中的每一个挑战。

面对困难，我们要做的，就是勇敢地迎上去，用自己的努力和智慧去战胜它们。当然，成长的路上不仅仅有困难和挑战，还有更多的美好和惊喜等待着我们去发现。比如，当你通过自己的努力，取得了一个好成绩时，那种喜悦和成就感是任何东西都无法替代的；当你和朋友们一起完成了一个有趣的项目时，那种团队合作的满足感也是无比珍贵的。

亲爱的小朋友，让我们一起翻开这本书吧！在这里，你会发现更多有趣的故事，希望你能够在这些故事里找到共鸣，收获勇气，同时也学会更多应对生活中难题的方法和技巧。希望你能够把这些故事中的智慧，运用到自己的生活中，通过自己的努力和坚持，成为更好的自己。

让我们一起，为自己努力，为人生添彩！

目录

第一章　努力带来的好处都属于我们自己

第一节　遇见那个闪耀的自己 / 2

第二节　成为大家信赖的小伙伴 / 6

第三节　改变自己的命运 / 10

第四节　让父母为我们骄傲 / 14

第五节　让未来的自己拥有更多的选择 / 18

第六节　面对困难时可以勇敢地说"我能行" / 22

第二章　努力是什么

第一节　每天进步一点点，积少成多 / 28

第二节　不是成为更好的自己，而是更好地成为自己 / 32

第三节　努力不是浅尝辄止，而是全力以赴 / 36

第四节　努力是当机会到来时，能抓得住 / 40

第五节　努力是让梦想落地生根 / 44

第六节　挑战自我，将不可能变为可能 / 48

第三章　以后的每一天都是有志向的日子

第一节　不负韶华，为人生添彩 / 54

第二节　在看不见的地方努力，然后惊艳所有人 / 58

第三节　没雨伞的孩子，必须努力奔跑 / 62

第四节　努力要有方向，不要让汗水白流 / 66

第五节　持之以恒，让每一步都走得坚实有力 / 70

第六节　人生处处是起点，什么时候重新开始都不晚 / 74

第四章　限制你的只有你自己

第一节　你的生命不需要被谁保证 / 80

第二节　允许自己失败，才更有可能成功 / 84

第三节　拒绝拖延症，做行动的巨人 / 88

第四节　跳出舒适区 / 92

第五节　不怕慢，就怕站 / 96

第六节　在信息爆炸的时代，更要保持努力的方向 / 100

第五章　成为自己的光、照亮自己的路

第一节　即使失败，内心也充满能量 / 106

第二节　你的价值由你自己决定 / 110

第三节　结交优秀的朋友 / 114

第四节　人生的成长与进步 / 118

♑

第一章

努力带来的好处都属于我们自己

第一节　遇见那个闪耀的自己

小朋友，你有没有发现，都是一起学习的同学，有些同学考试成绩名列前茅，课上认真听讲积极回答问题，而有些同学考试成绩平平，课上也难以跟上老师的思路。这是为什么呢？

这是因为，那些成绩好的同学，他们不只是完成学习上的任务，还会动脑筋思考怎样做才能做得更好，会想办法把每一道题都理解透彻，记得更牢。

所以，小朋友，不管做什么事情，都要动脑筋想办法把事情做得更好。今天比昨天努力一点点，明天比今天再进步一点点。这样，你就会变得越来越棒，越来越有信心，在生活中也能取得更多的进步。

就像小悦的故事。小悦对舞蹈无比热爱，每当音乐响起，她的世界便充满了色彩。然而，在一次重要的舞蹈比赛中，她因为一个小失误而没拿到冠军，这让她很失落。不过，小悦并没有就此放弃，她告诉自己，失败只是暂时的，只要努力就能不断进步。

为了弥补上一次的失误，小悦开始更加努力地练习。她对每个动作都要求很高，一遍遍地练，直到自己满意为止。有时候练得累了，或者觉得进步不大，她也会有点沮丧。但一想到下次比赛，她就又有动力继续练下去了。

经过一段时间的刻苦训练，小悦迎来了新的比赛。这次，她站在舞台上，随着音乐声，她认真地跳着，每个动作都尽力做到最好。这次，小悦不仅赢得了比赛，更重要的是，她发现，努力的过程虽然艰辛，但收获的喜悦是无法用言语表达的。

做更好的自己，不仅仅是一个目标，更是一种态度。我们可能还不够优秀，不够完美，甚至在某些时候，还会体会到挫败感。但是这并不重要，重要的是，我们愿意一步一步地向前迈进，勇敢地

只要有1%的希望，就要付出100%的努力。

这个动作太难了！我又跌倒了！

转过一个又一个的拐角，在这个过程中的每一次尝试和突破，都会让我们变得更加优秀，更加接近那个更好的自己。

"事在人为"是俗语，也是真理。我国的著名作家、编剧海岩出生在北京的一个干部家庭，他15岁参军，退役后在北京公安局劳改局工作，当了一名警察。

有一次，他在书摊上买了几本书，读完之后觉得，这些书里的故事还不如他自己想的故事好呢。海岩心想，如果这样的书都能出版，那他写的也一定可以！于是，海岩开始了他的"夜晚写作计划"。夏天的时候，虽然热得满头大汗，但他还是坚持写作。他把写好的故事藏在家里的壁橱里，直到有一天，他的爸爸偶然间发现了它们，当时海岩的心里很忐忑，不知道爸爸会不会喜欢他的故事。没想到，第二天，爸爸敲响他的房门，要看接下来的故事！他暗自高兴，他知道，自己的故事得到了爸爸的认可。

整本书的写作完成后，海岩把故事重新整理了一遍，鼓起勇气，把厚厚的书稿寄给了人民出版社。可是，他等了好久都没有消息。海岩不甘心，决定亲自去问问。原来，他的书稿还没被打开看过呢！海岩真诚地对编辑说："老师，请您就看700字，如果不好看，下个月我自己来拿走。"编辑被海岩的坚持感动了，答应了他的请求。

一个月后，出版社的编辑竟然找上门来并告诉海岩，他们决定出版他的小说！这部小说叫作《便衣警察》，后来成了超级畅销书，还被拍成了电视剧，获得了巨大的成功。

海岩的成功，不仅仅是因为他的才华和机遇，更是因为他那颗永不言败的心。他用自己的经历告诉我们，无论身处何种境地，只要心中有梦，脚下就有路。只要我们勇敢地迈出第一步，坚持不懈地努力下去，就一定能够遇见那个更加闪耀的自己。

成长小课堂

我们要学会接纳自己的全部，包括优点和缺点。

无论是在学习、工作还是在生活中，我们都要保持好奇心和求知欲，不断吸收新知识，提升自己的能力和素质。

第二节　成为大家信赖的小伙伴

小朋友，在生活中，我们如何才能成为大家喜欢和信赖的小伙伴呢？是不是要放弃自我去迎合别人，或者做一些自己并不喜欢的事情来讨好别人呢？

其实不是这样的。真正能够赢得他人喜爱与信赖的，是那些坚持自我、勇于展现真实个性，同时又在某一方面有着出色表现的小朋友。

比如，我们可以在学习上努力进取，成为班级里的小学霸，或者在艺术、体育等方面展现出自己的才华。这样，大家不仅会因为你的真实和个性而喜欢你，还会因为你的优秀表现而更加信赖你。

小朵不是班里最活泼或者最爱说话的孩子，但她有一个特别的本领——画画。起初，她的画并不出众，不过她愿意花时间在画画上。课余时间，其他小朋友在嬉戏玩耍时，小朵总是静静地坐在自己的座位上，全神贯注地画着她的画。除了自己练习，小朵还积极参加校外的绘画培训和比赛，积累了不少的经验。

后来，在一次全校的绘画大赛中，小朵的作品在比赛中脱颖而出，获得了一等奖。同学们纷纷向她投来敬佩的目光，连平时不太注意她的同学也开始对她刮目相看。

小朵成了班级里的"小画家"。每当有同学遇到绘画难题时，他们总会第一时间想到小朵，请小朵帮忙，而小朵也会耐心地帮助同学们解决难题，分享自己的绘画心得。

小朵的故事告诉我们，我们应当做自己喜欢的事情，努力学习，不断进步。当我们变得足够好时，朋友们自然就会喜欢我们，

> 做自己热爱的事，用自己的光芒赢得朋友们的喜爱和信任。

> 这里应该涂什么颜色呢？

信任我们。就像一朵美丽的花儿，它并不需要刻意去吸引蝴蝶的注意。只要它静静地绽放，散发出迷人的芬芳，蝴蝶自然会不请自来，围绕在它的周围翩翩起舞。

在历史的长河中，也有这样一位人物，他用自己的热爱和坚持，书写了不凡的篇章。惠能大师原本只是一个普通的樵夫，但在他24岁时，他送柴至客店，偶然听到客人诵读《金刚经》，他顿时心有所悟，决意向弘忍大师求法。

尽管路途遥远，充满了艰辛，但惠能大师没有丝毫的犹豫，毅然决定前去拜师。这一路上，他经历了无数的困难和挑战，但他心中的信仰和追求让他坚持到底。

到达黄梅山后，弘忍大师为了挑选出真正有悟性的弟子，让他们各自作一首偈颂来表达对佛法的理解。惠能大师虽然不识字，但他凭借着自己的智慧和感悟，作出了那首震撼人心的偈颂："菩提本无树，明镜亦非台。本来无一物，何处惹尘埃。"这首偈颂不仅表达了他对佛法的深刻理解，更展现了他非凡的才华和独特的思想。

正是这首偈颂，让弘忍大师看到了惠能大师的潜力和才华，惠能大师也凭借着自己的努力和坚持，赢得了弘忍大师的信任和赞扬。回到南方后，惠能大师继续弘扬佛法，帮助了无数的人。他用自己的行动诠释了佛法的真谛，让更多的人感受到了佛法的力量和智慧。

慧能大师可以从一个不识字的普通人，成长为禅宗史上的一代宗师，其中的艰辛和付出可想而知。但正是他的个人天赋、坚韧不拔的精神以及对佛法的热爱，让他克服了一切困难，在成就自我的同时也赢得了无数人的信任。

成长小课堂

我们要选择自己热爱的事情并坚持努力，这样可以提升我们的个人能力。当我们在这件事上越来越专业时，别人自然会被我们吸引。

朋友遇到困难时搭把手，用我们的本事帮他们解决问题。

我们不必为了刻意地迎合别人而伪装自己，真实的态度和友善的行为更能建立深层次的信任。

第三节　改变自己的命运

有人说，人的命运就像一本书，每个人出生的时候，这本书的内容就已经写好了。有的人生活在富裕的家庭里，像是书里的主角，而有的人出生在贫困的环境中，像是书里的配角。

但是你有没有想过，家庭的富裕与贫穷真的就决定了人的一生吗？如果我们能拿起笔，自己改写这本书呢？那么命运就掌握在自己手上了。

尼克·胡哲是一位非凡的人物，他出生在澳大利亚墨尔本，天生缺失四肢，仅在左侧臀部下方有一个带有两个脚指头的微小"脚掌"。即便身体残缺，他的父母也没有想过要放弃他，而是悉心教育与培养他。胡哲的父亲是一位工程师，母亲是一位专业的护士。在胡哲6岁时，他的父亲便开始教他如何使用小"脚掌"进行打字。他的母亲为胡哲定制了一个塑料装置，帮助他学会了写字。

8岁那年，胡哲被父母送上了小学。然而，身体的残疾让他成为同学们嘲笑与欺侮的对象。甚至10岁时，胡哲试图在家中的浴缸里溺死自己，以此结束这痛苦的人生。

然而，胡哲并未就此沉沦。在他19岁那年，他鼓起勇气，打电话给各个学校，推销自己的演讲。尽管被拒绝了52次之多，但他从未放弃过。终于，他获得了一个宝贵的5分钟演讲机会，并得到了50美元的薪水，从此，他踏上了演讲生涯的征程。

自从19岁那年的第一次演讲之后，胡哲的足迹开始遍布全球各地。他频繁亮相于世界各大电视节目，如《奥普拉脱口秀》等，向全球观众讲述着自己的传奇人生。他与数千万人分享着自己的故事与经历，无论是学生、教师，还是商界人士、专家学者，抑或是普通市民，都从他的演讲中汲取到了无尽的力量与勇气。

尼克·胡哲的演讲凭借独特幽默与深刻内涵，迅速赢得无数人

握紧双手，命运掌握在自己手中。

下次比赛我一定要得第一名！

的喜爱。他的故事如温暖阳光穿透人们心中的阴霾，他的经历激励着一代又一代人积极地面对人生的挑战。

在尼克·胡哲自己看来，所有的痛苦与磨难，都是人生最宝贵的财富。他坚信，只要自己所做的一切能够改变一个人的生命轨迹，那么一切付出都是值得的。或许，连他自己都未曾预料到，他已经产生了如此巨大的影响力。他用自己的亲身经历与深刻感悟，让数以万计原本消极对待生命的人，重新燃起了对梦想的希望之火。

所以，命运并不是一成不变的。真正决定我们命运的，不是那些无法改变的东西，而是我们自己的选择和努力。

出生于广东省湛江市麻章区迈合村的全红婵，她的故事也是一个用汗水和坚持改写自己命运的典型案例。

全红婵出生在一个并不富裕的家庭，她的父母都是勤劳的农民。在她7岁那年，湛江市体育运动学校的跳水教练陈华明在一次偶然的机会中发现了这个有着跳水天赋的小女孩。

全红婵进入体校后，开始了艰苦而严格的跳水训练。在这里，每一天都充满了高强度的训练：无数次的跳跃、入水练习，姿势的反复调整，每一个细节都被要求做到极致。面对这样的训练，全红婵没有丝毫退缩，她凭借自己的坚韧与毅力，一步步在跳水的道路上坚定前行。

2021年，年仅14岁的全红婵在东京奥运会上以惊人的表现夺得女子十米跳台金牌，成为那届奥运会的焦点之一。她在决赛中五跳三次满分，以总分466.20的成绩打破世界纪录。

对全红婵来说，这不仅仅是一枚金牌的收获，更是她改变自己命运的里程碑。凭借对跳水的热爱和不懈的努力，全红婵最终站上了世界的舞台，用金牌证明了自己的实力，也改变了自己的命运。

所以，小朋友，出身只是我们的起点，不是终点，更不是阻拦我们前进的障碍。通过不懈的努力和持续的学习，我们可以超越自我，改变自己的命运，过上自己理想中的生活。

成长小课堂

命运掌握在自己手中，我们的选择和努力才是决定人生走向的关键。

无论面对怎样的困境，只要我们保持积极的心态，勇于挑战自我，坚持不懈地努力，就有可能改写自己的命运，活出更加精彩的人生。

第四节　让父母为我们骄傲

在我们成长的过程中，总有那么两个人，他们无时无刻不在我们身边，并用爱支撑着我们——他们就是我们的爸爸妈妈。爸爸妈妈的爱，就像天空中最亮的星星，无论是白天还是黑夜，都默默地照亮着我们，帮助我们勇敢地面对生活中的每一个挑战。

小朋友，你有没有想过，当我们一天天长大，我们是不是也可以尝试着成为爸爸妈妈的守护者，就像他们曾经保护我们一样，我们也可以用自己的方式，让他们感到安心和快乐。想要做到这一点其实也不是很难，只要我们努力学习，将来可以独立生活，就是给父母最大的回报。

张立勇凭借着自己的努力改变了自己和家人的生活环境。他出生于江西赣南一座贫困的小乡村里，家庭收入全靠父母种地得来。因为他家里的田地又少又贫瘠，他们一家人连吃饱饭都是个大问题，他的父母常常得向邻居借米借钱，才能勉强维持生活。这样的生活环境让张立勇从小就下定决心要改变家里的状况，所以他学习特别努力，成绩一直很好。

高二那年，因为交不起学费，张立勇不得不辍学，出去打工。

在一位亲戚的帮助下，他来到了清华大学的食堂，成为一名切菜工，同时兼职卖馒头。这样他既能挣钱养活自己，又有机会学习，他暗暗发誓：要通过努力学习，改变自己和家人的命运。

于是，张立勇开始了他的自学之路。他每天早上早早起床，刷牙、洗脸、跑步，背半小时英语然后才去上班。食堂的工作十分辛苦，一站就是 8 小时，下班后整个人都累得腰酸背痛，但张立勇总是以最快的速度回到宿舍，学习到晚上 11 点，然后用一台老旧的收音机听英语广播，学发音、练听力，有时甚至学习到凌晨 1 点才休息。

真正的孝顺，是让父母看见你的成长与成就。

妈妈，这次考试我的数学成绩比上次高了20分！

航航真棒！每天的努力学习得到了回报！

张立勇在食堂后厨工作时，按照食堂规定，食堂员工在学生开饭之前有15分钟的用餐时间，于是他用7分钟吃完饭，剩下的8分钟用来背英语单词。

　　凭借着这份坚韧不拔的努力，张立勇不仅通过了全国大学英语四、六级考试，更是在托福考试中取得了630分的高分，这一成绩让无数人为之惊叹。他的事迹在清华校园内迅速传开，学生们亲切地称他为"馒头神"。后来，他更是获得了2012年"北京榜样"人物、"中国十大年度新闻人物"等荣誉。

　　张立勇的故事告诉我们，通过不懈的努力和坚持，我们不仅能够改变自己的命运，还能够为家人创造更好的生活条件。他的经历激励着每一个人去勇敢追梦、努力奋斗，用实际行动去回报家人的养育之恩。

　　然而，在现实生活中，有一些成年人，虽然已经长大了，但还是依赖爸爸妈妈生活。这些人被叫作"啃老族"。他们可能因为找不到工作或者过于懒惰而不能自己赚钱养活自己。

　　这样一来，本来应该好好休息、享受生活的父母，就还得继续辛苦工作。他们不仅要给自己的孩子钱，还得帮他们解决生活中各种各样的问题。他们时常担忧，万一自己生病或离世，孩子将如何独自面对这个世界，又该如何生存下去？

　　我们要知道，努力学习可不只是为了在学校里得高分，更重要的是为了以后能自己照顾自己，有独立生活的能力，不让爸爸妈妈为我们操心。我们要学会自己动手做事，变得有责任心，努力变成一个既能养活自己，又能在家人需要时伸出援手的人。

我们还要学会感恩和珍惜，用实际行动来回报爸爸妈妈，比如，帮忙做家务、好好学习，还有多跟他们说说心里话，让他们看到我们每天都在进步，每天都在变得更棒。这样，爸爸妈妈就会特别开心，并为我们骄傲！

成长小课堂

我们应当努力学习各种生活技能，如烹饪、整理房间、打扫卫生等，提升自己独立生活的能力；还应当经常向父母表达感激之情，通过言语或行动让他们感受到我们的爱和尊重。

第五节　让未来的自己拥有更多的选择

　　有人认为能够自己做选择意味着最大的自由。但获得这份自由并不是一件容易的事情。

　　拥有选择权意味着我们可以决定自己前进的方向，选择喜欢的道路去走。但这样的自由，需要我们日复一日地努力与付出。

　　我们每天努力学习，不仅仅是为了得到好成绩，更是为了让自己变得更厉害。学会读书，我们就可以看懂很多有趣的故事；学会算数，买东西时就能算清楚钱数；学会科学，就能知道为什么天空是蓝色的，为什么花会开。

　　而且，懂得越多，我们在做选择时，就越容易找到自己喜欢的、适合自己的事情。不管是选择喜欢的运动、乐器，还是决定将来要做什么工作，都会因为我们现在的努力而变得更加容易。

　　雷海为是一位外卖员，他从小对诗词充满热爱，然而，由于种种原因，他错过了走进大学校园的机会。一个偶然的机会，他在书店里发现了一本名为《诗词写作必读》的书，他买下这本书并开始阅读与学习。由于经济条件有限，他无法购买大量诗词书籍，于是他便在书店里背诵诗词，然后回家默写。就这样，凭借着对诗词的热爱和不懈的努力，雷海为逐渐积累了深厚的诗词功底。

后来，雷海为报名参加了诗词大会。在大会上，他以自己深厚的诗词积累赢得了观众和评委的阵阵掌声。最终，雷海为击败了强劲的对手，夺得《中国诗词大会》（第三季）总冠军。

雷海为的故事展示了努力的价值。他在诗词上投入的时间与精力最终得到了回报，不仅改变了自己的人生轨迹，也让他拥有了更多的选择和发展机会。这再次证明，通过持续的努力与付出，我们能够拓宽自己的人生道路，抓住更多的机遇。

持续的学习与努力，让我们在人生的每个十字路口都能自信地做出选择。

同学们，你们以后想考哪所大学呀！

我想考教画画最好的学校。

我想考教舞蹈最好的学校。

那你就要好好学习，争取去一所自己最满意的学校。

我想去的学校我考不上啊！

玛丽·居里，这位波兰裔法国科学家，同样用自己的坚持和努力，赢得了选择人生的机会。

居里夫人是历史上第一位两次获得诺贝尔奖的女性，也是第一位获得物理学和化学两项诺贝尔奖的科学家。在玛丽小的时候，波兰的女孩子上大学是一件很不容易的事，玛丽只能依靠自学来获取知识。她通过阅读科学书籍、参加地下教育组织，以及向哥哥姐姐请教来学习各种科学知识。

后来，玛丽靠自己做家庭教师积攒下的钱，进入巴黎的索邦大学学习。那里虽然有语言障碍和性别歧视，但她从未被这些偏见所束缚，而是选择了勇敢地追求自己的科学梦想。她学习非常努力，最后以优异的成绩从大学毕业。毕业后，她和丈夫皮埃尔·居里一起研究放射性物质。

他们的实验室很简单，没有先进的仪器和设备，他们只能用手和简单的工具来做实验。为了提炼出一种叫镭的元素，他们甚至要亲手搅拌大量的沥青铀矿渣。

长时间与放射性物质的接触让他们的身体受到了伤害，他们的皮肤被烧伤，身体也变得越来越虚弱。然而，他们并没有放弃研究，而是更加坚定地投身于科学事业。

经过了很多次的尝试，玛丽和皮埃尔终于从沥青铀矿渣中提炼出了镭，证实了这一元素的存在。这一发现推动了科学的进步。

因为他们在科学上的巨大贡献，玛丽和皮埃尔在1903年一起拿到了诺贝尔物理学奖。

　　正如那句老话所说，"书山有路勤为径，学海无涯苦作舟"。在追求知识的道路上，我们或许会经历许多艰辛与挑战，但正是这些经历，塑造了更加坚韧和丰富的我们。让我们珍惜每一次学习的机会，不断前行，这样做不仅是为了未来的自己能够拥有更多的选择，更是为了可以有机会去做自己喜欢的事情。

成长小课堂

　　学习的最终目的是将所学知识应用于实践中。我们应该积极寻找机会，在生活中灵活运用各种知识。

　　我们要试着去学习其他不一样的东西。比如，喜欢画画的小朋友，也可以去了解一下科学小实验；喜欢数学的小朋友，也可以去听听历史故事。

第六节　面对困难时可以勇敢地说"我能行"

小朋友，在生活中如果遇见了一件很难的事情，你会鼓起勇气挑战它，还是心里在打退堂鼓，想要放弃做这件事？在给出答案之前，请你先想一想，自己为什么会做出这样的选择呢？

如果你选择挑战，可能是因为你以前做过类似的事情，并且成功了，所以你知道自己有能力去克服这个困难。或者你相信自己通过努力和尝试，可以找到解决问题的办法。

如果你想要放弃，可能是因为这件事看起来真的太难了，你觉得自己做不到。或者你担心失败会带来不好的结果，比如，被批评或者失去信心。

为什么会出现这两种截然不同的反应呢？这与我们的自信心和平时的努力程度有很大的关系。

自信心是我们面对困难时的精神支柱。如果我们平时就对自己有信心，相信自己能够克服困难，那么我们在面对挑战时就会更加勇敢和坚定。

如果我们平时就勤奋学习、不断练习，那么我们在面对困难时就会更有底气，因为我们知道自己已经为此付出了很多努力。

在大象园中，我们经常可以看到一幕神奇的景象：一些重达千斤、可以轻松地推倒树木的大象，却被一条细细的铁链拴住了，而且它们也不会去尝试挣脱铁链。

这是为什么呢？因为这些大象在它们还是小象的时候，就被驯象人用铁链拴住了。一开始它们也尝试过挣脱铁链，但因为力量不够，加上每次尝试都会给它们带来痛苦，这使它们逐渐失去了信心，习惯了被束缚。等它们长大，成为力大无比的大象时，虽然它们已经有了足够的力量去挣脱那条细细的链子，但那份自信已经被磨灭了，它们不相信自己能够挣脱那条细细的链子。

> 困难像弹簧，你弱它就强，只有勇敢面对，才能成为生活的强者。

> 妈妈我不想再学下棋了，我总是输。

> 如果你现在放弃了，那你就永远都赢不了。如果你继续学习，以后一定有机会赢。

当我们遇到困难时，不要轻易放弃，也不要因为一开始的失败就失去信心。要相信，只要我们坚持不懈地努力，就一定能够找到解决问题的方法。就像小象如果一直不放弃，不断尝试，总有一天它会发现自己已经足够强大，可以轻易地挣脱那条铁链。

每一次的努力和尝试，都是对我们自信心的一次锻炼和提升。即使一开始我们做得不够好，也不要灰心，因为每一次的失败都是一次学习的机会，让我们更加了解自己，也更加接近成功。

数学家张益唐就是一个很努力的人。1985年，张益唐去美国普渡大学留学，攻读博士学位，满心欢喜地以为自己即将在数学的世界里大展拳脚。但是，事情并没有他想象的那么顺利，他和他的导师在数学研究中产生了一些分歧。毕业后，他因为没有导师的推荐信，找不到合适的工作，只好去餐厅打工。但即使从名校高才生变为打工仔，张益唐也从未想到放弃自己的研究。他就算工作再忙再累，也坚持每天学习数学。到了节假日，他也不休息，而是跑到图书馆，一整天都在看书、找资料。就这样，经过不断的努力，他终于写出了一篇很重要的论文，叫《素数间的有界距离》。

这篇论文的成果震惊了整个数学界，张益唐也因此变成数学界的大明星。不久后，美国加州大学圣巴巴拉分校就聘用他为终身教授。

遇到挫折和困难并不可怕，可怕的是我们被困难吓倒，不再努力。遇到困难时，我们应当勇敢地站出来，大声地说："我能行！"然后，用自己的行动去证明自己的能力。记住，只要我们不放弃，不失去信心，就一定能够战胜困难，成为那个最勇敢、最自信的自己。

成长小课堂

每天给自己正面的心理暗示，如"我有能力克服这个困难""我能够找到解决问题的方法"。这种积极的自我对话能够逐渐增强自信心。

每次克服困难后，都要总结经验教训，找出成功的原因和不足之处。这样，我们可以更加高效地应对未来的挑战。

通过实践来锻炼自己的能力。无论是学习还是生活中的小事情，我们都应当亲力亲为，从中积累经验，提升自己的应对能力。

第二章

努力是什么

第一节 每天进步一点点，积少成多

古人曰："苟日新，日日新，又日新。"成功的人之所以能够成功，是因为他们愿意每天都努力一点，每天都让自己变得更好一点。而失败的人会觉得自己的努力没有得到应有的回报，就放弃努力了。

我们来看几组数字：

1.01 的 365 次方 ≈ 37.7834

1 的 365 次方 =1

0.99 的 365 次方 ≈ 0.0255

也就是说，每天进步 0.01，坚持一年后，你的成长将远远大于 1；而每天退步 0.01，一年以后，你将远远小于 1。

如果你每天都能学到一个新的知识点，那么一年下来，你会积累多少知识呢？这种看似微不足道的进步，随着时间的推移，最终会产生惊人的效果。就像滴水穿石，不是靠一时的力量，而是靠持之以恒的坚持。

有一只刚刚组装好的小钟表被放在了两只老钟表中间。老钟表们"嘀嗒""嘀嗒"一分一秒地走着。

其中一只老钟表对小钟表说:"嘿,小家伙,你也该开始工作了。不过我有点担心,等你走完三千二百万次,可能会很累哦。"

小钟表一听,惊讶地张大了嘴巴:"三千二百万次?这么多!我做不到,做不到。"

另一只老钟表笑了笑,温和地说:"别担心,小家伙。其实很简单的,你只需要每秒钟'嘀嗒'摆一下就可以了。"

小钟表半信半疑:"真的吗?这么简单吗?那我试试吧。"

小钟表开始轻松地每秒钟"嘀嗒"摆一下。时间一天天过去,小钟表没有觉得累,反而觉得很有趣。就这样,不知不觉中,一年

成功源于不懈的努力与每天的微小进步。

2024年5月10日

字迹潦草,不好看!

2024年10月10日

我的努力没有白费,字越来越好看了!

多过去了，小钟表真的摆了三千二百万次！

　　每个人都希望梦想成真，可又觉得梦想离自己很远，于是就怀疑自己的能力，放弃努力。其实，我们不用想得太远，不用担心明天、后天甚至一年后的事。我们只需要想，今天要怎么做，才能距离梦想更进一步？就像那只小时钟，每一秒都在做同一件事——嘀嗒一声，左右摆一下。我们也可以这样，每天给自己定个小目标，比如，读一页书，或者学一个新单词，然后就去做，不求多，但求坚持，成功就会在每一天的小进步里悄悄来到我们身边。

　　有一位画家，他在成长的过程中经历了许多事情，但有一件事让他记忆犹新。在他年幼时，他的兴趣非常广泛，个性也很要强，无论是画画、拉手风琴、游泳还是打篮球，他都要得到第一名。这当然是不可能的，他无法在所有领域都取得顶尖的成绩。于是，他心灰意冷了，学习成绩也因此一落千丈。

　　他的父亲知道后，用了一个漏斗和一捧玉米种子来教育他。父亲让他双手放在漏斗下方接住种子，然后一粒一粒地往漏斗里投种子。每当一粒种子投入，它就顺利地从漏斗滑落到他的手中。当父亲投了十几次后，他的手里已经积攒了十几粒种子。接着，父亲突然抓起满满一把玉米种子放入漏斗，结果这些玉米种子因为相互挤压，竟然没有一粒能掉下来。

　　父亲对他说："这个漏斗就代表着你。如果你每天都能专心致志地做一件事，那么你就能收获到一粒种子的快乐和成就感。但是，如果把所有的事情都挤到一起做，反而连一粒种子都收获不到。"20多年过去了，他始终铭记着父亲的教诲——每天做好一件事，坦然微笑地面对生活。这也是他能够在艺术道路上不断前行，保持快乐与满足感的秘诀所在。

每天做一件小事，虽然它可能不会立刻给我们带来巨大的改变，但能一点点地丰富我们的人生。不论是学习新知识、锻炼身体，还是培养一个小爱好，只要我们每天都有所学习、有所成长，哪怕只是一丁点儿的进步，那么我们的每一天就都过得有价值，没有虚度。

成长小课堂

将大目标细化为每天可实现的小目标。例如，如果想学习一门新技能，可以将每天学习半小时或掌握一个知识点作为小目标。

每天固定时间做某事，养成习惯。例如，每天早起半小时读书或晚上练习书法，让习惯成为生活的一部分。

每当完成一个小目标或取得一点进步时，给自己一些奖励，如吃喜欢的食物、看一部电影等。这样可以增加学习的乐趣和动力。

第二节　不是成为更好的自己，而是更好地成为自己

在成长的道路上，我们常常会听到"你要成为更好的自己"这样的鼓励，它像是一股无形的力量，推动着我们不断向前。然而，在追求"更好的自己"的时候，我们是否想过，"更好地成为自己"或许才是更加贴近我们内心、更加实在的目标呢？

想象一下，如果我们只是一味地追求别人眼中的"更好"，却忽略了自己内心的真实感受和需求，那不是本末倒置了吗？就像是一棵小树苗，如果它被强迫长成别人希望的样子，而不是按照它自己的生长规律去发展，那么这棵小树苗很可能会因为无法承受过多的压力而枯萎。

在古希腊德尔斐神庙的墙壁上，刻着"认识你自己"这句话。这句话跨越了漫长的历史长河，至今仍在提醒着人们：生命的丰盛不在于超越所有人，去成为那个所谓"完美典范"，而是走自己的路让自己绽放出独一无二的光芒。

春秋时期，西施因心口疼痛而常常皱眉，却因这看似病态的模样，更添了几分柔弱之美，引得众人称赞。东施见状，心生羡慕，以为只要模仿西施皱眉的神态，便能拥有同样的美丽。于是，她也

时常皱眉，却不知自己本就没有西施那娇弱的体态与气质，这般刻意模仿，反而显得矫揉造作、丑态百出，遭到了乡人的讥笑。东施只看到了西施表面的美，却忽略了西施的美是因为自身的独特气质与神韵，也没有意识到自己与西施有着本质的不同。她一味地模仿，最终不仅没有让自己变美，反而失去了原本的自我，沦为他人的笑柄。

不是每个人都要成为参天大树，有的花朵虽小，却也能绽放出属于自己的光彩。在追求梦想的路上，我们要学会倾听内心的声音，找到适合自己的道路，更好地成为自己。正如爱因斯坦所说：

更好地成为自己，是成长的最终归宿。

真不知道，锐锐滑冰这么快！

是啊，锐锐滑冰滑得这么好，可以进校队了。

滑冰大赛

"不要试图去做一个成功的人,而要努力成为一个有价值的人。"

蒲松龄是清朝时的一个大文人,他出生在一个半读书半经商的家庭。他才华横溢,开朗,乐观,也很执着。那时候,读书人都想通过科举考试当官,蒲松龄也想通过科举考试当官,建功立业,可是,命运总是和他开玩笑。他19岁参加科考,接连考取县、府、道三个第一,但之后的科考中他屡试不第,一直到晚年,他才得了个"贡生"的名头,这算是科举考试给他的一个安慰。科考的失败是他一辈子的痛。他做梦都想"得何时,化作风鸢去啊,看天边怎样"。

不过,生活还得继续。为了养家糊口,蒲松龄当了一辈子的私塾先生。在教书的过程中,他虽然感到孤独,但也把对真善美的追求写进了他的小说里。这部小说就是《聊斋志异》,后来这本书变得非常有名,让蒲松龄在文学史上留下了自己的名字。

蒲松龄虽屡试不第,却能在逆境中找到属于自己的文学之路,用《聊斋志异》这部不朽的作品,证明了自己的价值。这不禁让人想起另一句古语:"失之东隅,收之桑榆。"如果蒲松龄真的早早考中,那他有可能会成为一个好官,但历史上可能会少了《聊斋志异》这样的著作。有时候,我们或许会在某条路上跌倒,但只要勇于尝试,总能在另一条路上找到属于自己的风景。

蒲松龄的故事则告诉我们,实现自我的方式不是只有一种,只要我们坚持自己的热爱,勇敢地探索属于自己的道路,就能散发属于自己的光彩。

让我们放下对"成为更好的自己"的盲目追求，转而专注于"更好地成为自己"。我们要学会倾听内心的声音，理解自己的需求和愿望，勇敢地追求那些真正让自己感到快乐和满足的事物。不要害怕与众不同，也不要害怕失败和挫折。因为正是这些独特的经历，让我们成为更好的自己——更准确地说，是更好地成为自己。

成长小课堂

定期花时间思考自己的兴趣、优点、缺点、价值观和目标，可以通过写日记或与信任的人交谈来实现。

学会识别并表达自己的情绪，无论是快乐、悲伤还是愤怒，这有助于我们更深入地了解自己。

第三节 努力不是浅尝辄止，而是全力以赴

生命之所以精彩，就是因为你清楚地知道自己想要什么，并且你愿意为了它去努力，不管遇到什么困难都不放弃。那种全力以赴、勇往直前的决心，真的让人很感动。

在成长道路上，我们经常会听到"浅尝辄止"这四个字。浅尝辄止是什么呢？浅尝辄止是你在追寻目标时，略微尝试一下就停了下来，没有用尽全力、深入钻研。

全力以赴却与浅尝辄止截然不同。当我们决定全力以赴时，我们同样是为了一个目标去努力，但是我们真的想要得到一个好的结果。这种渴望不仅仅是一种愿望，还是一种动力，它会激发出我们全部的潜力，让我们用自己全部的力量和智慧，去争取想要的结果。

让我们来看一个关于全力以赴的故事吧。

一年冬天，一个猎人带着他的猎狗去打猎。猎人用枪击中了一只兔子的后腿，这只受伤的兔子开始拼命地逃跑。

猎狗在猎人的指挥下飞奔去追兔子。猎狗的速度很快，但兔子

更加灵活，追着追着，兔子就不见了。猎狗觉得自己已经尽力尝试了，就回到了猎人身边。

猎人看到猎狗空手而归，很生气地说："你怎么连一只受伤的兔子都追不到？"猎狗不服气地说："我已经尝试过了。"

当兔子跑回洞里时，它的兄弟们都惊讶地问它："你后腿受伤了，怎么还能跑得过凶残的猎狗？"兔子喘着粗气说："猎狗只是浅尝辄止，我可是全力以赴呀！它追不上我，最多被猎人骂一顿；而我如果不全力地跑，可就没命了！"

一个是浅尝辄止，一个是全力以赴，结果很不一样。当我们只

在追求梦想的路上，要全力以赴。

小悦跳得真好，没有一点失误。

为了这次表演，小悦准备了一个多月。

是浅尝辄止时，我们可能会觉得"我已经做得很好了""我已经尝试过了"。但当我们全力以赴时，我们是在告诉自己："我必须成功，我必须得到这个结果。"这种决心和信念，会让我们在遇到困难时更加坚韧不拔，更加勇往直前。

钱学森是中国航天事业的奠基人之一，被誉为"中国航天之父"。他早年留学美国，并在那里取得了卓越的学术成就。中华人民共和国成立后，钱学森非常想回到祖国，参与新中国的建设。

然而，那时的美国不想放钱学森走。他们用各种罪名扣留了他，甚至用了残酷手段进行迫害。但钱学森并不害怕这些迫害，他坚定地表示，新中国已经成立，他一定要回去，这是没有商量余地的。

在接下来的时间里，钱学森经历了许多困难和挑战。但他始终没有放弃回国的希望，一直在努力抗争。终于，在1955年美国同意放钱学森回国。

当钱学森踏上回归祖国的航程时，他心中充满了激动和感慨。他知道，为了这一刻，他已经准备了太久。在开船前，他激动地说："我将竭尽努力，和中国人民一道建设自己的国家，让我的同胞过上有尊严的幸福生活。"

回国后，钱学森没有休息，立刻投入了紧张的工作。他带领中国航天人，从零开始，攻克了一个又一个技术难关，解决了一大批关键技术难题。他始终站在世界科技的前沿，带领中国航天人开创了中国航天事业。

他参与了我国第一枚液体探空火箭的设计，协助组织实施了我国首次"两弹结合"试验，牵头组织实施了我国第一颗人造地球卫星的发射任务，指挥成功发射了我国第一颗返回式卫星……这些成就的背后，都是钱学森和他的团队全力以赴的结果。

钱学森的故事告诉我们，真正的全力以赴不仅仅是为了一个目标去努力，更是为了一个信念、一个理想去奋斗。他用自己的行动诠释了什么是真正的全力以赴——那就是不管遇到什么困难和挑战，都要坚定地朝着自己的目标前进，直到取得成功。

成长小课堂

确保自己的目标是具体、可衡量且可实现的。明确知道你想要达到什么结果，这将帮助你保持动力和方向。

将自己的全部精力和能量都投入当前的任务。这意味着在需要的时候，我们能够牺牲娱乐、休息等其他活动的时间，以确保目标的达成。

与志同道合的人建立联系，共同分享经验、互相鼓励和支持。这将帮助我们保持动力，同时从他人的成功和失败中汲取经验。

第四节　努力是当机会来到时，能抓得住

小朋友，你知道吗？在我们的生活中，有很多关键的机会，但它们往往不会自己主动来到我们身边。要想得到这些机会，我们就需要付出努力。

"君子藏器于身，待时而动"这句话告诉我们，平时就要努力提升自己，做好准备，等待机会的到来。只有这样，我们才能在机会到来时，抓住它，不让它从我们手中溜走。

如果我们平时就努力学习，做作业、复习功课，考试时，我们就能凭借自己平时的努力，取得好的成绩。机会是不会从天上掉下来的，它需要我们自己去努力争取。作为学生，我们需要争取的东西并不多，但这并不意味着我们就可以放弃努力。

就像在学校里选班干部的时候，都是大家自己站出来说"我想当"，然后再投票决定。如果我们想当班干部，却不告诉任何人，也不去做任何努力，那老师和同学们怎么会知道我们的想法呢？我们又怎么能成为候选人，让大家投票选我们呢？更别提成为班干部了。

所以，当我们想要得到什么东西，或者想要成为什么样的人时，不能只是想想而已，要勇敢地站出来，用实际行动去争取。历

史上有一位人物，他用自己的行动诠释了"君子藏器于身，待时而动"的道理，他就是毛遂。

毛遂，是战国时赵国公子平原君赵胜门下的食客。有一年，秦国围攻赵国的都城邯郸，形势危急，平原君决定亲自前往楚国寻求援助，并打算带上20位既勇敢又有智谋的食客一同前去。然而，在挑选过程中，平原君只找到了19位合适的人选，这时，毛遂主动站了出来，向平原君自我推荐，表示愿意成为那第二十个人。平原君起初并不看好毛遂，但在毛遂的坚持下，最终还是勉强同意让

> 努力是为了当机会来临时，我们有能力、有信心去抓住它，实现自己的梦想。

> 我们开始竞选班长，想当班长的同学请做自我介绍。

> 老师，我想当班长。

> 我也想当班长，但是我不会做自我介绍。

他一同前往。

在前往楚国的路上，毛遂与同行的十九人在交流讨论中，展现出了自己的才华和见识，赢得了大家的尊重和认可。

到达楚国后，平原君与楚王进行谈判，希望达成抗秦的盟约。但谈判过程并不顺利，从日出谈到中午，依然没有结果。这时，毛遂挺身而出，他按剑走上台阶，直截了当地向楚王陈述了利害关系。毛遂的一番话，让楚王深受触动，最终同意与赵国结盟，并举行了歃血仪式。

平原君回到赵国后，深感惭愧，他坦言自己以前考察人才时过于自信，以至于错漏了毛遂这样的人才。他感慨地说，毛遂仅凭三寸不烂之舌，就胜过了百万军队，为赵国赢得了楚国的援助。从此，平原君对毛遂刮目相看，尊他为上客。

就这样，毛遂凭借自己平时的努力和积累，抓住了这个宝贵的机会，不仅为自己赢得了荣誉，也为赵国争取到了生存的希望。他的故事告诉我们，只要我们平时不断努力，提升自己，当机会来临时，我们就能够抓住它，实现自己的价值。

在三国时期，诸葛亮住在隆中，他凭借自己的智慧和才华，得到了刘备的赏识。刘备为了找到能帮助他统一天下的人，三次亲赴隆中拜访诸葛亮，直到第三次才成功见到诸葛亮。

在简陋的草屋里，诸葛亮与刘备促膝长谈。诸葛亮告诉刘备，现在天下有三个主要势力：曹操、孙权和刘表，并为刘备量身定制了战略计划。他建议刘备先夺取荆州和益州，与孙权结盟，然后等待时机成熟，便可从荆、益两州同时出兵，一举击败曹操，统一天下。刘备听了诸葛亮的话，觉得他的建议非常有道理，于是请诸葛亮出山和自己一起奋斗。诸葛亮就这样离开了隆中。

诸葛亮之所以能在关键时刻挺身而出，成为刘备的得力助手，并助其建立蜀汉王朝，离不开他平日的勤奋与积累。他不断学习，广泛涉猎各种知识，积累了丰富的经验。因此，当历史性的机遇降临时，他能够凭借自己的真才实学，为刘备提供宝贵的战略指导，并一步步将计划变为现实。

成长小课堂

当机会来临时，我们需要有足够的勇气和果断去抓住它，并在关键时刻做出正确的决策，勇敢地采取行动。

在处理复杂关系和矛盾时，我们需要用智慧和耐心去化解问题。

第五节　努力是让梦想落地生根

每个小朋友都有自己的梦想。梦想一开始可能只是心里的一个小想法，就像小树苗还没长成大树，小鸟还没从蛋里孵出来一样，我们的梦想也需要时间和努力来慢慢实现。

有了梦想之后，最重要的是要坚持自己的梦想。在追求梦想的过程中，我们不用太在意别人怎么说，因为最重要的是我们自己觉得这是值得去做的事情，并且相信自己可以做到。坚持梦想，有时候可能会面临质疑和挑战，但正是这些挑战让我们更加坚定。

这里有一个关于坚持梦想的小故事。

在外国的一所小学里，有一次作文课上，老师让学生们写一篇关于"我的梦想"的文章。有一个孩子很快就写出了自己的梦想：希望在未来能拥有一片大约十公顷的土地，上面种满绿色的植物。在这里，他想建一座小木屋，还有一个可以烤肉的地方，以及供游客们休闲度假的旅馆。游客们可以在这里尽情地玩耍，享受大自然的美好。

然而，当老师看到这篇文章时，在上面打了一个大大的红"×"，并要求这个孩子重新写一篇。孩子感到很不解，也很伤心，但他坚持认为自己的梦想是值得追求的，所以他不愿意改变自己的想法，结果那篇文章只得到了一个"E"（代表不及格）。

30年过去了，这位老师已经退休，一次偶然的机会她来到了一个庄园。当她走进这里时，惊讶地发现，这里的主人竟然就是当年那个作文不及格的孩子。他真的实现了自己儿时的梦想，拥有了一片属于自己的广阔土地，并且把它打造成了一个人们向往的度假胜地。

这个故事告诉我们，梦想不是遥不可及的，是可以通过我们的努力实现的。只要我们坚持不懈地追求，勇敢地面对困难和挑战，

我们要坚守梦想。

我长大后要盖一个大大的庄园。

我的梦想是什么呢？

总有一天，我们的梦想也会像被埋藏在土壤里的种子一样，生根发芽，茁壮成长。

禾下乘凉梦，一梦逐一生。他是用了一辈子的时间发展杂交水稻的追梦人——袁隆平。

袁隆平，1930年9月7日生于北京，江西省德安县人，被称为中国的"杂交水稻之父"、中国工程院院士。他毕生的梦想是找到一种方法，让水稻能产出更多的粮食。

很早的时候，袁隆平就注意到有些水稻长得与众不同。他思考着，如果这些特别的水稻能和其他水稻结合，或许能培育出更优秀的水稻品种。于是，他开始了一个宏大的计划——研究杂交水稻。

杂交水稻是世界难题。因为水稻的花很小，而且它们通常是自花授粉，很难将其与其他水稻进行杂交。所以，袁隆平需要找到一种特殊的水稻，这种水稻的雄蕊不能产生花粉，这样才能与其他水稻进行杂交。

袁隆平迈开了双腿，走进了水稻的绿海，去寻找这中外资料中都没报道过的水稻雄性不育株。终于有一天，他发现了一株非常特别的水稻，它的雄蕊没有花粉，这就是他梦寐以求的"雄性不育株"。

袁隆平经过多年的努力，克服了重重困难，完成了提高雄性不育率、三系配套、育性稳定、杂交优势和繁殖制种五个关键步骤。到了1973年，他终于成功育成三系杂交水稻，并进行了优势鉴定。这一成果不仅让中国人实现了吃饱饭，还为世界粮食安全做出了很大的贡献。

袁隆平爷爷的故事告诉我们，梦想是需要时间和努力来浇灌的。只有我们坚持不懈地追求，才能让梦想变成现实。所以，小朋友，让我们也像袁隆平爷爷一样，为了自己的梦想全力以赴吧！只要我们付出足够的努力，相信总有一天，我们的梦想也会落地生根，开花结果。

成长小课堂

不要因为别人的看法或评价而轻易放弃自己的梦想，因为梦想是属于自己的。

梦想需要时间和持续的努力来浇灌。就像小树苗需要阳光、雨露和土壤才能茁壮成长一样，我们的梦想也需要我们不断地付出和坚持才能实现。

第六节 挑战自我，将不可能变为可能

小朋友，你有没有过这样的经历？面对一个看起来很难的任务或者挑战，你心里不禁嘀咕："这做不到吧？"其实，很多时候，那些看似做不到的事情，并不是真的做不到，而是我们自己心里先认了输，给自己设了限。

想象一下，如果你总是因为害怕而不敢去尝试新事物，那你的生活就失去了活力和色彩。那些你未曾尝试的事情，就像一座座高山，挡在你的面前，让你无法前行。但是，你知道吗？只要我们勇敢地去想、去做，努力去试试看，那些高山其实是可以被翻越的。

接下来，我要给你讲一个关于勇敢挑战自我的故事，主人公是一位非常伟大的音乐家——贝多芬。他出生在一座叫波恩的城市，从小展现出了非凡的音乐天赋。他的爸爸对他期望很高，希望他能成为像莫扎特那样的音乐神童。所以，他给贝多芬制订了非常严格的音乐训练计划。虽然有时候训练很辛苦，但贝多芬从未放弃，他的音乐才华也越来越出众。

长大后，贝多芬来到了音乐天堂——维也纳。在这里，他遇到

了莫扎特，还得到了另一位伟大音乐家海顿的悉心指导。贝多芬凭借出色的演奏技巧，很快就成为维也纳非常有名的钢琴家，他的音乐让无数人为之震撼。

然而，命运和贝多芬开了一个残酷的玩笑，他的听力开始受损。这对一个音乐家来说，无疑是巨大的打击。贝多芬陷入了愤怒、绝望和孤立的情绪，他退出了公开表演，远离了曾经的掌声和赞誉。

挑战自我，将心中的高山一一翻越，让不可能变为可能。

为什么成绩和上次一样，还是没有进步！

下次我要考第一名！

但是，贝多芬并没有就此屈服。他告诉自己，即使听力不再，他也要继续创作音乐，用心灵去聆听世界的声音。他开始勇敢地尝试，突破界限，挑战惯例。在听力受损的症状日益加重的时候，他反而更加清晰地听到了自己内心的声音。正是这份坚持和勇气，让他创作出了《第九交响曲》等不朽的音乐作品。这些作品不仅成为音乐史上的经典，更激励了无数人去勇敢面对生活的挑战。

小朋友，贝多芬的故事，是不是让你觉得非常震撼？在完全听不见声音的世界里，他居然还能创作出那样伟大而动人的音乐作品。这不仅仅是因为他拥有超凡的音乐才华，更是因为他拥有一颗永不言败的心。在这个世界上，还有很多像贝多芬一样的人，他们用自己的故事告诉我们，只要心中有梦想，即使遇到了再大的困难，也可以永不言败。

你知道海伦·凯勒吗？她也是一个非常了不起的人，虽然她眼睛看不见，耳朵也听不见，但她做到了很多我们认为"不可能"的事情。

海伦·凯勒在一岁时因为高烧失去了听觉和视觉，她在没有光明的童年，孤独地生活着。随着年龄的增长，她逐渐察觉到自己与众不同。她使用手比画交流，而其他人是用嘴巴来交谈。她也想用嘴巴来说话，但是她做不到。直到她遇见了安妮·莎莉文老师。

安妮·莎莉文老师的到来让海伦找到了方向，从此开启了新的生活。莎莉文老师教会海伦识字、说话，甚至协助海伦通过了考试，成功进入拉德克利夫学院学习。

　　进入大学后，海伦面临着很多新的困难。课堂上，她需要莎莉文老师将授课内容拼写在她的手上；大学教材的内容，也需有人逐字逐句地为她拼写。这意味着，她需要花费比常人更多的时间和精力来理解和消化这些知识。但海伦并没有因此而退缩，她用自己的坚持和努力，在1904年，从拉德克利夫学院毕业，成为第一位获得文学学士学位的盲聋人士。

　　莎士比亚说过："黑夜无论怎样悠长，白昼总会到来。"所以就算我们遇到了很大的困难也不要放弃自己，只要勇敢面对，坚持走自己的路，就一定会看见升起的太阳。

成长小课堂

　　当我们遇到难题时，不要急着说："这太难了，我做不到。"可以换个想法，告诉自己："我要试着去做做看，就算失败了也能学到东西，让自己变得更强大。"

　　当我们想要突破自己的时候，不要被陈规旧俗困住，要敢于尝试新方法，探索未知的领域。

第三章

以后的每一天都是有志向的日子

第一节 不负韶华，为人生添彩

小朋友，你知道我们为什么要努力学习吗？答案或许很简单，因为我们想要过上更好的生活，更是因为这宝贵的人生仅有一次，值得我们倾尽全力去拼搏、去努力。

时光如流水，匆匆而过，不会为谁停留。但时间又是最公平的，每个人的一天都是24小时，1440分钟。如何使用这些时间，决定了我们将拥有怎样的人生。

古往今来，无数先贤都知道时间很宝贵，唐代颜真卿的《劝学》中有言："三更灯火五更鸡，正是男儿读书时。黑发不知勤学早，白首方悔读书迟。"汉乐府的《长歌行》也唱道："百川东到海，何时复西归？少壮不努力，老大徒伤悲。"晋朝的陶渊明也有诗云："盛年不重来，一日难再晨。及时当勉励，岁月不待人。"唐末王贞白的《白鹿洞》诗中更有"一寸光阴一寸金"，将时间的价值比喻得淋漓尽致。

当下的我们要做的，就是珍惜时光好好学习，掌握知识本领，让我们的人生因知识和经历而变得更加丰富多彩。

古代有一种特制的"警枕"，它由圆木做成，上面还挂着铃铛。当人们枕着这种"警枕"入睡时，只要头部稍微一动，铃铛就会发出声响；而如果睡得太沉，脖子还会因为圆木的形状而感到不适。通过使用这种不舒适的睡枕，人们能够时刻提醒自己时间的宝贵，激励自己要勤奋努力，不可沉溺于梦乡虚度光阴。

"警枕"看起来好像很让人不舒服，但其实，很多伟大的作品和成就，都是那些努力的人牺牲睡眠时间，一点点做出来的。

很多有抱负的人，利用比别人更多的勤奋，去学习、去积累，最后取得了了不起的成就。司马光就曾使用过"警枕"。司马光从小便意识到自己在学习上的不足，特别是记忆力方面。每次老师讲

> 珍惜时光，勤奋拼搏，让人生绽放出无限光彩。

我以后要干什么呢？

完课程内容，其他同学都能很快地背诵出来，而他则需要花费两三倍的时间和精力去理解和记忆。

所以无论是骑马赶路，还是夜深人静时，他都会默默诵读并思考所学的内容。正是凭着这种永不自满、永不懈怠的精神，司马光和他的助手，花了19年时间，编成了《资治通鉴》这本历史巨著。

同样，祖逖闻鸡起舞，不仅练就了一身武艺，更培养出了坚韧不拔的意志。在国家危难之际，他挺身而出，率领军队英勇抗敌，屡建奇功，成为人们口中的英雄。

孙敬与苏秦悬梁刺股，刻苦学习，最终掌握了渊博的知识和卓越的才能。孙敬成为杰出的学者，赢得了世人的尊重；苏秦则凭借智慧和口才，成为战国时期的著名纵横家。

鲁迅的成功，有一个重要的秘诀，那就是珍惜时间。在他12岁那年，父亲病重，家庭的重担落在了他稚嫩的肩上。他不仅要跑当铺、药店，还要帮助母亲料理家务。然而，即便在这样的困境下，鲁迅也没有放弃学业。他精心安排时间，确保每一分每一秒都能得到充分利用。

鲁迅说过："时间就像海绵里的水，只要愿挤，总还是有的。"尽管鲁迅一生多病，工作条件和生活环境都不尽如人意，但他从未停止过工作的脚步。他每天工作到深夜，用笔墨书写着对世界的思考和感悟。在鲁迅的眼中，时间就是生命，无端地浪费别人的时间，无异于谋财害命。正是这份对时间的珍视和不懈的努力，让鲁迅在文学领域取得了举世瞩目的成就。

我们每个人的生命都是独一无二的，不在于长短，而在于我们如何度过。如果你不甘平庸，不愿让生命白白流逝，那么请付出努力，勇敢行动。因为，只有这样，我们才能在有限的时间里，让生命绽放出最耀眼的光芒，让这唯一的人生变得无比珍贵和难忘。

成长小课堂

在生活中，我们需要有一个明确的目标，比如，成为画家、运动员或其他自己感兴趣的职业。这个目标得是我们自己真正喜欢的，并且能够引导我们不断进步，让我们的生活更加精彩。我们要努力追求它，让它成为我们生活中的亮点。

付出比常人更多的努力，无论是工作还是学习，都要保持高度的专注和投入。脚踏实地，一步一个脚印地朝着目标前进，不追求捷径，不盲目跟风。

第二节　在看不见的地方努力，然后惊艳所有人

小朋友，你有没有发现，身边有一些小伙伴，他们平时也不怎么学习，可是一到考试，成绩总是名列前茅。你有没有好奇过，他们真的就是天生聪明，不用学习就能取得优异的成绩吗？

这些小伙伴中，可能确实有人天生就比较聪慧。但是，你知道吗？还有很多小朋友，他们之所以看起来轻松就能取得好成绩，是因为他们在你看不见的地方挑灯夜读，默默地努力着。

让我们一起看一下"一鸣惊人"的故事。

楚庄王刚刚登上王位时，并没有积极地治理国家，而是隐匿了锋芒，沉迷在吃喝玩乐之中，对国家大事毫不关心。大臣们看在眼里，急在心里，可谁也不敢多说一句。有一个叫伍举的大臣，他想劝谏楚庄王成为像齐桓公、晋文公那样的诸侯霸主，可他又不敢直接劝谏。有一天，他看见楚庄王和妃子们做猜谜游戏，楚庄王玩得十分高兴。他灵机一动，决定用猜谜语的办法暗示楚庄王。

第二天上朝，伍举给楚庄王出了个谜语："奏王上，臣在南方时，见到过一种鸟，它落在南方的土岗上，三年不展翅、不飞翔，

也不鸣叫，沉默无声，这只鸟叫什么名呢？"楚庄王知道伍举的意思就说："三年不展翅，是在生长羽翼；不飞翔、不鸣叫，是在观察民众的态度。这只鸟虽然不飞，一飞必然冲天；虽然不鸣，一鸣必然惊人。你放心吧，我明白你的意思了。"

原来，在这段"隐匿"的日子里，楚庄王并没有真的忘记自己的职责。他在玩乐的同时，也在暗中积蓄力量。过了半年，楚庄王就像变了个人一样，开始认真治理国家。之后，他出兵攻打齐国，在徐州击败了齐军；在河雍战胜了晋军；在宋国联合了诸侯，终于使楚国称霸天下。

每个轻松的笑容背后，都有一个曾经咬紧牙关的灵魂。

为什么我俩天天一起玩，航航却打了100分，而我还没有及格！

作家格拉德威尔曾说过："人们眼中的天才之所以卓越非凡，并非天资超人一等，而是付出了持续不断的努力。1万小时的锤炼是任何人从平凡变成世界级大师的必要条件。"因此，任何人想要取得成功，都必须付出大量的努力。

于敏，1926年出生于一个书香门第，从小就对科学产生了浓厚的兴趣，尤其喜欢物理和化学。1960年，国家决定开展氢弹的研究工作。这是一项极其复杂和艰巨的任务，需要具有高度保密意识的顶尖科研人才。于敏被选为这项工作的核心成员之一，从此开始了长达28年的隐姓埋名生活。他不能告诉家人自己的去向和工作内容。他的生活变得单调而枯燥，每天除了吃饭和睡觉，就是埋头在堆积如山的资料和计算数据中。

1966年12月28日，我国成功地进行了氢弹原理性试验。这次试验的成功标志着中国在核武器领域取得了重大突破，也为后续的氢弹研制工作奠定了坚实的基础。然而，对于敏和他的团队来说，这只是万里长征的第一步。他们还需要继续努力，将氢弹从原理变为现实。

在接下来的一年里，于敏和团队经历了无数次的试验和失败。他们不断地改进设计方案，优化工艺流程，最终成功地研制出了具有实战能力的氢弹。1967年6月17日，中国成功地进行了第一颗氢弹的空投爆炸试验。这次试验的成功震惊了世界，也标志着中国在核武器领域取得了与美苏等国并驾齐驱的地位。而这一切的背后，是于敏和他的团队在看不见的地方默默努力的结果。

小朋友们，在这个世界上，没有一蹴而就的成功，也没有凭空而来的荣誉。每一个看似轻松取得好成绩的小伙伴，背后都付出了无数的汗水和努力。而那些被大家称为"天才"的人，其实也只是比普通人更早地找到了自己的方向，并且坚持不懈地走了下去。

就像爱因斯坦曾说过的："成功＝艰苦劳动＋正确方法＋少说空话。"这句话告诉我们，要想成功，就必须付出艰苦的劳动，找到正确的方法，并且少说多做。我们要在看不见的地方默默努力，在关键时刻惊艳所有人。

成长小课堂

我们在默默努力的时候可以寻找一些志同道合的朋友作为我们的支持者，他们可以给予我们鼓励和理解，让我们在孤独时感到温暖。

成功往往需要时间。不要急于求成，要给自己足够的时间来成长和进步。

第三节　没雨伞的孩子，必须努力奔跑

我们经常会听到大人们说："人生不能输在起跑线上。"那么，你们知道起跑线是由什么决定的吗？

有一个综艺节目，通过六个问题，揭示了起跑线的真相。这六个问题分别是：

你的父母都接受过大学以上教育吗？

你的父母是否为你请过一对一家教？

你的父母是否让你持续学习功课外的一门特长且目前还保持一定水准？

你的父母是否让你拥有过一次出国旅行的机会？

你的父母是否承诺过要送你出国留学？

从小到大你是不是父母心中的骄傲，他们是否一直在亲朋面前夸奖你？

原来，起跑线在很大程度上是由我们的原生家庭决定的。有些孩子一出生就站在了父母为他们搭建的高起点上，他们拥有优质的教育资源，丰富的课外活动，甚至是出国旅行的机会。这些优势让

他们积累了更多的知识和经验，拓宽了他们的视野和格局。

然而，也有些孩子，他们的家庭并没有给予他们同样的助力。他们可能需要在课后自己寻找学习资料，可能需要自己打工赚取学费，甚至可能从未离开过家乡。但这并不意味着这些孩子就没有潜力，他们只是在起跑线上没有得到那么多的助力。

起跑线的领先并不意味着终点的胜利。小朋友，理解这一点对你来说非常重要。无论起跑线如何，奋斗和努力都是决定未来的关键因素。对那些家庭背景不够优越、起跑线相对较低的孩子来说，

无论我们的起跑线在哪里，只要我们愿意开始，并坚持不懈地努力，就能够取得进步和成功。

爸爸，你小时候的家好破败啊！

是啊，但是，通过爸爸和妈妈的努力，我们现在过上了好日子，还有了个温暖的家。

63

他们更需要通过自己的努力去追赶和超越。

　　伟大的发明家托马斯·阿尔瓦·爱迪生，他的成功之路并非一帆风顺，而是充满了挑战与坚持。爱迪生出生于1847年，成长在一个贫困的家庭中。由于家庭经济条件有限，他只接受了短短三个月的正规小学教育便被迫辍学。然而，他并没有放弃学习，反而在母亲的鼓励下开始了自学之路。他阅读了大量书籍，从化学到物理，从电学到机械，他几乎涉猎了当时所有的科学领域。爱迪生的创新精神是他成功的关键。他并不满足于现有的知识和技术，而是不断寻求突破和创新。在研发过程中，他进行了无数次实验。在失败了一次又一次之后，他终于发明了电灯、留声机等一系列改变人类生活的伟大发明。爱迪生的成功，并不是因为起跑线上的优势，而是因为他不断地学习、尝试和创新。他用自己的行动证明了，即使起点再低，只要不断努力，也能创造出辉煌的成就。

　　林肯是美国历史上最伟大的总统之一。他出身贫寒，早年丧母，家境非常困难。但他从未放弃对知识的追求和对理想的执着。他通过自学获得了法律知识，成为一名律师。后来，他积极投身政治，经过多次竞选失败，最终当选为美国总统。

　　J.K.罗琳是《哈利·波特》系列的作者，她的作品风靡全球，为无数读者带来了欢乐和启发。然而，在创作《哈利·波特》之前，罗琳曾经历过一段艰难的时期。她离婚、失业，甚至一度靠政府的救济金生活。但罗琳并没有放弃对写作的热爱和追求。她利用业余时间创作出了《哈利·波特》的第一部，并逐渐获得了读者的认可和喜爱。如今，罗琳已经成为全球最富有的女性作家之一。

人生就像一场长跑比赛，不要因为现在跑得慢就灰心丧气，也不要因为暂时的领先就得意忘形。重要的是，在整个过程中，我们要不断地努力，坚持到最后。

就像我们有时候在学校里考试，可能一次没考好，但这并不代表我们永远都考不好。只要我们不放弃，继续努力学习，总有机会取得好成绩。小朋友，无论你们的起跑线在哪里，都不要害怕，也不要骄傲。只要你们坚持不懈地努力，就一定能在人生的长跑中，跑到自己想去的地方。

成长小课堂

我们要认识到起跑线的重要性，但不过分依赖它。起跑线确实存在，它可能由我们的原生家庭、教育资源等因素决定。但是，这并不意味着我们就无法超越那些起点比我们高的人。能否实现理想的关键在于我们是否愿意付出努力，是否愿意不断学习和成长。

我们不要害怕逆境，而是要把它当作一种锻炼和成长的机会，学会从逆境中汲取力量。

第四节　努力要有方向，不要让汗水白流

有时候，我们明明很努力，为什么还是得不到想要的结果？难道努力没有用吗？这可能会让一些小朋友感到困惑。问题出现在哪里呢？

或许，很多小朋友都认为，努力就是不停地学习，就是要超越所有人，甚至把努力看作一种牺牲。其实，真正的努力不是这样的。

真正的努力，并不是无休止地学习或牺牲，而是建立在明确目标的基础上进行的行动。就像我们想要去一个地方旅行，首先得知道目的地是哪里，然后才能出发。

"知人者智，自知者明。"了解他人是智慧的，但更重要的是了解自己。当我们迷茫时，不妨停下来问问自己："我是谁？""我有什么？""我要什么？"和"我缺什么？"通过思考这四个问题，我们的方向就会逐渐明朗起来。

曾国藩，清代著名政治家、军事家、文学家，被誉为"晚清中兴第一名臣"。他少年时便立下远大志向，要做圣人。为了实现这

一目标，曾国藩从道光二十二年十月初一日开始，每日坚持做"日课"，即检省自己的日记。他用圣人的标准要求自己，监督自己的一举一动，并每天用工整的楷书记录下来，反省改正不足之处。

曾国藩的学习日程也非常严格，每日必须完成楷书写日记、读史十页、记茶余偶谈一则等任务。除此之外，他还每日读《易经》，练习作文。这种日复一日的坚持，不仅培养了他的恒心与毅力，更让他在思想上不断进步。

曾国藩的故事告诉我们，努力要有明确的方向和目标。只有方向正确，努力才能转化为实际的成果。

方向正确，努力才有价值；盲目行事，则徒增辛劳。

老师，我明明平时也做了不少数学题，可为什么分数还是提不上去呢？

或许是学习方法出了问题？你得找出自己常出错的知识点，然后有针对性地多加练习。

在战国时期，有一个人驾着马车匆匆向北行驶，他的目的地是楚国。然而，楚国实际上位于南方，与他行进的方向完全相反。驾车人却认为凭借着自己快速的马匹、充足的路费和驾车技术高超的车夫，一定能够到达楚国。

尽管这些条件看似优越，但由于方向错误，这些努力只会使他们离楚国越来越远。这个故事告诉我们方向在追求目标过程中的重要性：如果方向错误，我们付出再多的努力也无法到达目的地。

努力不仅要有方向，还要避免急于求成。有个农夫种了很多庄稼，希望它们能快快长大，但是小苗们长得很慢。农夫心里很着急，有一天，他想到一个办法，决定自己动手帮小苗们长高。于是他开始一株一株地往上拔小苗。拔完之后，农夫很高兴，觉得小苗们现在一定长得更高了。他兴奋地回家告诉了他的孩子："今天我帮小苗们长大了很多！"可是，第二天当他们一起去田里看的时候，发现那些被拔高的小苗全都枯萎了。

努力需要耐心和过程，不能急于求成，否则只会适得其反。我们要给努力一些时间，让它在正确的方向上慢慢生根发芽，结出果实。

《礼记·中庸》里有句话说："凡事预则立，不预则废。"这句话的意思就是，我们做任何事情之前，都要先做好准备和计划。我们要知道自己想做什么，然后想想怎么做才能做好，不能盲目地去做，也不能太着急。这样，我们的努力才不会白费，才能真的实现自己的目标。

成长小课堂

花点时间思考一下我们在哪些方面做得好，哪些方面还需要改进。这有助于我们更准确地设定目标，并找到需要努力的方向。

确保我们的目标是基于我们当前的能力和努力的，不要设定过于遥远或难以实现的目标，这样会让我们感到沮丧和挫败。相反，设定一些我们可以通过努力实现的短期和长期目标。

明白成功不是一蹴而就的，它需要时间和努力。不要期待一夜之间就能实现大目标，而是要有耐心，一步一步地前进。

第五节　持之以恒，让每一步都走得坚实有力

小朋友，你有没有注意到，身边有些小伙伴总是在不断地学习新知识，掌握新技能，好像每天都有新收获，而自己进步得很慢。你可能会觉得奇怪："我也在学习啊，为什么就是赶不上他们呢？"其实，真正的差距可能并不在于当下的努力，而在于你是否做到了持之以恒。

有时候，我们可能觉得自己已经很努力了，但如果没有每天都坚持下去，进步的速度可能就会慢一些。就像我们吃饭一样，一顿不吃并不会觉得很饿，但长时间不吃，身体就会受不了。学习也是一样的，一天不学可能没有什么影响，但长时间的懈怠过后，知识积累的速度就会慢下来。我们有了目标，就要做好长期努力的准备，不要三天打鱼两天晒网，也不要因为暂时没有成绩就放弃。真正的进步，是一点一滴积累起来的。

王羲之是东晋时期的一位著名书法家，被誉为"书圣"。他出身于一个书香门第，父亲王旷是淮南太守，也是一位书法家。王羲之从小就对书法产生了浓厚的兴趣，7岁时就写得一手好字，12岁时就已经能够阅读前人的书法理论著作了。

王羲之练字非常刻苦，据说他小时候练字用坏的毛笔，堆在一起成了一座小山，人们叫它"笔山"。他常在水池里洗毛笔和砚台，后来小水池的水都变黑了，这就是著名的"墨池"来历。王羲之吃饭时也能边吃边练字，有一次他错把墨汁当成蒜泥吃了，弄得满嘴乌黑，他自己却还浑然不觉。

　　王羲之不仅刻苦练习，还非常注重观察和学习。他遍访名师，学习各种书法风格，最终形成了自己独特的书法风格。他的书法被誉为"飘若浮云，矫若惊龙"。

　　王羲之的书法作品《兰亭集序》更是被誉为"天下第一行

罗马不是一日建成的，成功需要长时间的积累。

昨天留的题都谁做了？

别问我，我没做。

老师，我做了。

书"。这部作品是他在50多岁时，与朋友们在兰亭修禊时挥笔写下的。王羲之在酒酣耳热之际，挥毫泼墨，一气呵成，写出了这篇传世佳作。

所以，小朋友，当你努力的时候，不要想着立刻就能看到结果，要相信自己，只要坚持下去，就一定能够取得进步。

有一位名叫屠呦呦的科学家，她为了研究治疗疟疾的药物，经历了无数次的失败，但她从未放弃。

1969年，39岁的屠呦呦接受了紧急任务，担任课题组组长，领导全国60家科研单位和500余名科研人员，共同研发抗疟新药，该项目被命名为"523"项目。

在项目初期，屠呦呦独自承担了研究重任，仅用3个月时间就收集整理了2000多个方药，并编撰了《疟疾单秘验方集》。随着项目的推进，她的团队逐渐壮大，但历经数百次失败后，研究陷入困境。屠呦呦将目光锁定在中药青蒿上，发现其能够有效抑制小鼠疟疾，但效果不稳定。

为了寻找原因，屠呦呦开始深入研究古代医书，提出了一系列关键问题，并最终选取了低沸点的乙醚提取方法。经过多次失败，终于在1971年，她带领团队成功提取出对鼠疟和猴疟抑制率均达100%的乙醚中性提取物。

然而，团队在个别动物的病理切片中发现了提取物疑似的副作用，屠呦呦毅然决定进行志愿试药，并带动同事参与，以确保药物安全。尽管首次临床观察出师不利，但屠呦呦团队并未放弃，而是发现了剂型问题，并成功研制出青蒿素胶囊，结果证明，患者在用药后平均31小时内体温恢复正常。

屠呦呦以抗疟新药——青蒿素的第一发明人身份，在国家科学技术奖励大会上领取了发明证书及奖章。据世界卫生组织统计，现在全球每年有2亿多名疟疾患者受益于青蒿素联合疗法，疟疾死亡人数也稳步下降。青蒿素的发现不仅挽救了无数生命，也展现了屠呦呦及其团队坚韧不拔、勇攀科学高峰的精神风貌。

小朋友，无论你想要做什么，都要记住"持之以恒"的道理，每天都要努力去做，不要害怕失败，不要害怕困难。只要我们坚持下去，就一定能够取得进步，实现梦想。就像那句名言说的："锲而不舍，金石可镂。"只要我们不断地去努力，去坚持，就一定能够取得成就。

成长小课堂

持之以恒往往与良好的习惯密切相关。尝试建立一些有益的习惯，比如，每天早起、定时复习、保持整洁等。

每一点小小的进步都是宝贵的，它们会逐渐汇聚成巨大的成就。

第六节　人生处处是起点，什么时候重新开始都不晚

在校园里，我们常能听到这样的声音："我现在已经五年级了，现在开始学习还来得及吗？"或者"我刚上一年级，不用那么着急学习吧，还有很多时间呢！"还有的同学可能会说："哎呀，我都六年级了，马上就要升初中了，现在努力也来不及了，不如放松一下！"

《劝学》中有言："吾尝终日而思矣，不如须臾之所学也。"这句话是说："想得再多也不如实际行动来得重要。"虽然想事情也很重要，但如果只想不做，我们就会停在原地，可能还会越来越迷茫。真正能让我们进步的是努力去做，是把心里的想法变成真实的行动。

所以，同学们，不管你现在几年级，想了就去做，行动才是最重要的。俗话说："种一棵树最好的时间是十年前，其次是现在。"不要让未来的自己因为今天的犹豫和懒惰而后悔。

历史的长河中，有很多后来居上、浪子回头的典范，周处便是其中之一。他生于义兴阳羡（今江苏宜兴），年少时以蛮横强悍著称，与山中白额虎、水中蛟龙并称为"三害"。然而，一次与

猛兽的搏斗，让他听到了乡人对他的忌惮与恐惧，他才意识到自己也是众人眼中的一大祸害。这触动了他的内心，使他萌生了悔改的念头。

于是，他前往吴郡，希望能求得陆机和陆云两位有修养的名人的指点。遗憾的是，他未能见到陆机，但幸运的是，他见到了陆云。周处向陆云倾诉了自己的境遇和内心的挣扎，陆云听后，鼓励他说："古人贵朝闻夕死，况君前途尚可。且人患志之不立，亦何忧令名不彰邪？"陆云的这番话让周处看到了希望，他决心改过自新，努力改正自己的过错，最终成为一名受人尊敬的忠臣。

无论何时开始，都不算晚，重要的是开始后的坚持与努力。

恭喜小朵，在这次考试中数学得了100分！

上次考试她才刚刚及格，进步真快！

有时候，我们可能会觉得自己已经错过了很多机会，或者担心现在开始努力已经太晚了。然而，生活中从不缺少重新开始的机会，缺少的只是那份重新开始的勇气。

古往今来，像周处这样在人生关键时刻做出改变，最终成就一番事业的人还有很多。苏洵，年少时不喜欢读书，整日游手好闲，直到27岁才幡然醒悟，开始发愤读书。他闭门苦读数年，博览群书，精通六经百家之说，下笔顷刻数千言。后来，他带着儿子苏轼、苏辙一同进京应试，他的文章深受欧阳修赏识，一时名动京师，最终成为"唐宋八大家"之一。

还有齐白石，这位中国近代著名的绘画大师，原本只是一名木匠，直到27岁才正式开始学习绘画。在之后的岁月里，他不断钻研，师法自然，从生活中汲取灵感，形成了独特的艺术风格。他的画作色彩浓艳明快，造型简练生动，意境淳厚朴实，深受人们喜爱。齐白石用自己的一生诠释了"活到老，学到老"的真谛，他的成功告诉我们，只要心中有梦，并为之努力奋斗，无论何时开始都不算晚。

周处、苏洵和齐白石虽身处不同时代，有着不同的人生起点与经历，但他们用各自的人生轨迹，向我们传递了这样一个道理：人生随时都可以开启新阶段，无论何时重新开始都不算晚。而努力是开启人生新征程的关键因素，只要我们愿意付出行动，就能在人生道路上抓住新的机遇，踏上新的发展道路。

这种重新出发的勇气，对我们来说非常重要。学习就像一场没有终点的攀登，有人起步即领先，有人中途陷迷途，然而，真正的差距并不在一时的领先或落后，而在于我们是否拥有重新出发的勇气，能否在面对困难与挑战时，坚定信念、勇往直前。

人生就像一场马拉松，重点不是我们起跑时的速度有多快，而是我们能否坚持到最后。无论我们现在处于人生的哪个阶段，无论我们曾经经历过什么，都不要放弃重新开始的希望。只要我们心中有梦，并为之努力奋斗，就一定能够创造出属于自己的精彩人生。

成长小课堂

人生的道路上没有绝对的早晚之分。只要我们愿意重新开始，并付出努力，就一定能够找到属于自己的道路。

即使我们现在处于人后，也不代表我们会一直如此。只要我们坚持不懈地追求进步，总有一天能够超越他人，实现自己的价值。

第四章

限制你的只有你自己

第一节　你的生命不需要被谁保证

"你唱歌总是跑调！"

"你这辈子都不可能到那么遥远的地方去！"

"你画画一点天赋都没有！"

小朋友，在成长的路上，你被这样定义过吗？那些评判者仿佛是你生命的鉴定人，为你长长的人生预设了结局。我们真的就像他们说的那样吗？真的要因为他们的话就放弃自己，不再努力了吗？

哈佛有句哲语："被别人保证，并且照着别人的保证去做的人，他的生命注定只能平淡无奇，碌碌无为。"而真正能够活出精彩人生的，是那些对自己的梦想充满热情，不畏艰难，持续努力的人。

生命是我们自己的，每个人都有自己的梦想和追求。在追梦的路上，我们可能会听到一些质疑和反对的声音。有人可能会说我们的梦想不切实际，有人可能会嘲笑我们的努力和坚持。但这些声音只是他们的看法，并不能决定我们的未来。

有位知名人士在一次报告中曾分享过自己的一段童年经历。在小学六年级的时候，他在考试中获得了优异的成绩，于是老师奖励给他一本世界地图作为鼓励。他兴奋不已，一到家就迫不及待地翻开地图研究起来。

那天，恰好轮到他负责为家人烧洗澡水。于是，他便一边照看炉火，一边看地图。当他看到埃及地图时，他被埃及的金字塔、艳后、尼罗河、法老，还有很多神秘的东西，深深地吸引了，心想长大以后有机会一定要去埃及。

正当他看得入神时，突然他的爸爸围着浴巾从浴室冲了出来，用很大的声音对他说："你在干什么？"他说："我在看地图！"他爸爸很生气地说："火都熄了，还看什么地图！"他说："我在看埃及的地图。"他爸爸跑了过来用力地给了他两个耳光，然后

走自己的路，让别人说去吧。

他们说女孩子学数学没有男孩子学得好！

不要相信他们说的，我们只管做好自己，努力学习，一定不比男孩子差！

说:"赶快生火!看什么埃及地图。"他的爸爸打完他后,还把他踢到了火炉旁,用很严肃的表情跟他说:"我向你保证!你这辈子都不可能到那么遥远的地方去!赶快生火!"

他当时看着他的爸爸,愣住了,心想:我爸爸怎么给我这么奇怪的保证?真的吗?我这一生真的不可能去埃及吗?

20年后,他第一次出国就去了埃及,他的朋友都问他:"你去埃及干什么?"他说:"因为我的生命不需要被谁保证。"

他坐在金字塔前面的台阶上,寄了张明信片给他的爸爸。他写道:"亲爱的爸爸,我现在在埃及的金字塔前面给你写信。记得小时候,你打我两个耳光,踢我一脚,保证我不能到这么远的地方来,现在我就坐在这里给你写信。"写信时,他的心中充满了感慨。

他就是著名作家林清玄,他没有被他爸爸的那句"你这辈子都不可能到那么遥远的地方去"所束缚,而是从小就立志当作家,为此,他从十多岁开始就坚持每天写一千字。年复一年,日复一日,最终,他不仅实现了去埃及的梦想,更用自己的作品影响和启迪了无数读者的心灵。

著名作家毕淑敏在《谁是你的重要他人》中,讲了这么一个故事。大概11岁的时候,毕淑敏参加了学校的歌咏比赛。有一次练歌,音乐老师突然停下指挥,走到她面前,严厉地说:"毕淑敏,我总是听到有人跑调,原来就是你!现在,我把你除名了!"毕淑敏非常羞愧地离开了教室。

但三天后，老师又因为队伍里人太少，把她叫了回来。不过，老师让她只张嘴，不要发出声音唱歌。这件事对毕淑敏影响很大。因为老师不让她发声，所以她后来一直不敢唱歌，甚至不敢在众人面前讲话。

不过，后来毕淑敏意识到，这些恐惧都是由那位老师造成的。当她想明白这一点后，她觉得自己好像解脱了，从此她又能唱歌，也能在大家面前讲话，不再害怕了。

努力可以让我们的生命不需要被谁保证。外界对我们的定义只是他人的看法，并不能决定我们的未来。只有我们自己才能决定自己的人生道路。所以，我们应当勇敢地追求自己的梦想，用努力去证明自己的价值。

成长小课堂

要增强自己的独立意识，面临选择时，不再寻求别人的意见和帮助，而是凭借自己的思考和判断去做决定。并且不管结果如何，都要鼓励自己。

第二节　允许自己失败，才更有可能成功

小朋友，如果我们拼尽全力去努力，去奋斗，是不是就一定能成功呢？其实是不一定的。因为就算我们再怎么努力，还是有失败的风险。因为未来的事情，我们谁都无法预料。

那我们还要不要继续努力呢？古人云："天行健，君子以自强不息。"这句话出自《周易》，它告诉我们，天体运行刚健不息，君子应奋发图强、永不停息。尽管努力并不一定能够带来成功，但我们不能因此就放弃努力。因为只有这样，我们才能在不断奋斗中锤炼自己，提升自己，迎来属于自己的成功。

正如"宝剑锋从磨砺出，梅花香自苦寒来"这句名言所说，只有经历过磨砺和苦寒，宝剑才能变得锋利，梅花才能变得芬芳。历史上也有许多类似的例子，比如，越王勾践卧薪尝胆的故事。

越王勾践原本是春秋时期的霸主之一，统治着越国。然而，在一场与吴国的战争中，勾践遭遇了惨痛的失败，越国几乎被吴国灭国。勾践被迫投降，成为吴国的阶下囚，被吴王夫差羞辱和奴役。

在囚禁于吴国的岁月里，勾践经历了极致的屈辱。有一次，吴

王夫差患病，勾践为了表明自己的忠诚与顺从，竟亲自去尝夫差的粪便以诊断病情，勾践这一举动深深打动了夫差，他以为勾践对自己充满了敬爱与忠诚，于是决定释放勾践夫妇，让他们重返越国。

越王勾践回国后，立志要报仇雪恨。他在自己的住处悬挂了一颗苦胆，每天都会尝尝胆汁的苦涩，以此提醒自己不忘国仇家恨。同时，他也用柴草铺垫床铺，睡在硬板上，以此激励自己不忘曾经的苦难。

他表面上对吴王夫差忠诚无比，暗中却与吴国的大臣们拉关系、套近乎，试图了解吴国的政治矛盾和弱点。同时，他也在越国

> 屡战屡败的死敌是屡败屡战。

> 今天和爸爸下棋又输了，我要学习个新步法，明天继续找爸爸下棋！

积极备战，整顿军备，提高军队的战斗力。

经过多年的努力和准备，勾践终于迎来了复仇的机会。他利用吴国内部的矛盾和弱点，发动了一场突袭，成功打败了吴国。

勾践的故事告诉我们，失败并不可怕，重要的是要有重新站起来的勇气和决心。他没有被失败击垮，而是从中吸取了教训，最终实现了复仇和国家的复兴。

当我们在学习和生活中遭遇失败时，我们不应感到灰心，因为这并不意味着我们不行，而是意味着我们可以做得更好。就像白岩松说："每当失败与挫折来临，你应该怀着好奇心去看待它，试图弄明白它的目的：难道这是一次提醒？难道我应该做出一个更好的决定？"

失败并不是终点，而是一个让我们成长和进步的起点。威灵顿将军是英国历史上的一位杰出将领，但他也曾经历过多次失败和挫折。有一次，在战争中，他率领的军队被敌军击溃，他不得不带领残兵败将撤退到一个破旧的农舍里。在农舍里，威灵顿将军陷入了深深的绝望，他觉得自己已经走到了尽头，无法再振作起来。

就在这时，他注意到屋顶上有一只蜘蛛正在织网。这只蜘蛛一次次地尝试，但每次都因为风或者其他的原因而失败。然而，蜘蛛并没有放弃，它继续坚持不懈地努力着。威灵顿将军看着这只蜘蛛，突然之间，他仿佛从中看到了自己的影子。他意识到，自己也应该像这只蜘蛛一样，坚持不懈地努力下去，直到成功为止。

于是，威灵顿将军重新振作起来，他分析了失败的原因，制定了新的战略。最终，在他的带领下，他的军队成功地击败了敌军，取得了胜利。

威灵顿将军与蜘蛛的故事告诉我们，失败并不可怕，重要的是要有坚持不懈的毅力和决心。只有当我们允许自己失败，并从中吸取教训时，我们才能更加坚定地走向成功。

成长小课堂

面对失败，我们要学会反思和总结。想一想自己为什么会失败？有哪些地方可以做得更好？通过反思和总结，我们可以找到自己的不足之处，并制订改进计划。

第三节 拒绝拖延症，做行动的巨人

小朋友，你有没有说过这样的话："明天再做吧！""过几天再说吧！""算了吧！"或者许下"我要读完这本书""明天我要早起背英语单词"等类似的愿望。最后，这些话和这些愿望却不了了之。

这样的行为，其实就是在拖延。拖延是一种常见的心理现象，它让我们在面对任务和挑战时，总是选择逃避或推迟行动，从而错失了许多宝贵的时间和机会。

小朋友，你是不是总觉得时间还很长，会有很多时间去做想做还没有做的事情？可是我们的人生只有一次，我们度过的每一天都是弥足珍贵的。

那些真正有行动力的人，他们不会等待完美的时机或完美的条件，而是立即采取行动。即使面临困难和挑战，他们也会自己想办法解决问题，或者主动寻求帮助，而不是等着别人为自己解决问题。

山脚下有一座石崖，石崖上有一条缝，寒号鸟就把这条缝当作自己的窝。而石崖对面的一棵大树上，住着一只勤劳的喜鹊。

随着几阵秋风吹过，冬天马上就要到了。喜鹊一大早飞出去，东找西找，衔回来一些枯草，忙着给自己筑一个温暖的巢，以备过冬。而寒号鸟呢，它整天出去玩，回来就睡觉，完全不理会即将到来的寒冬。

喜鹊好心劝它："寒号鸟，别睡了，大好晴天，赶快做窝吧。"但寒号鸟满不在乎地说："傻喜鹊，太阳高照，正好睡觉呢。"

冬天转眼就到，喜鹊住在自己温暖的窝里，安然过冬。而寒号鸟呢，它冻得哆哆嗦嗦，连觉都睡不好，嘴里还总是说着："明天

今日事，今日毕。

明天要上学了，还有好多作业没写，我要是早点写完就好了！

就做窝。"可是，每当第二天风停了，太阳出来了，它又忘记了寒冷，继续晒太阳，过着得过且过的日子。

直到寒冬腊月，崖缝里冷得像冰窖，寒号鸟终于受不了了，它哀嚎着，哆哆嗦嗦地说："明天就做窝。"然而，等到天亮，喜鹊想要呼唤它时，发现它已经在夜里冻死了。

当你空有想法而不去行动时，那些美好的愿景只能停留在脑海中，无法变为现实。而当你开始行动时，你会发现通往目标的道路并不遥远，前行的每一步都在拉近你与梦想的距离。行动让你更清晰地认识自己，了解自己在追求梦想的过程中所处的位置。

想要改变现状，想要实现梦想，就要勇敢地迈出第一步。不要总是停留在计划和想象的阶段，而是要用实际行动去追求自己的目标。机遇总是留给那些敢于尝试、敢于挑战的人。只有奔跑在路上，我们才能抓住机遇，实现自己的梦想。

人生分为昨天、今天和明天。昨天已经一去不复返，成为无法改变的历史；明天尚未到来，充满了未知与变数，我们无法确切把握。而唯有今天，是我们可以实实在在把握在手中的。

明朝的钱福写下了《明日歌》："明日复明日，明日何其多。我生待明日，万事成蹉跎。"这首诗深刻地揭示了拖延症的危害。如果我们总是把梦想和希望寄托在明天，那么最终只会一事无成，让生命在无尽的等待中消逝。

我们不能总是把梦想推得太远，梦想的实现需要从现在做起，从每一个小小的行动开始。如果我们总是推三阻四，那么梦想就会离我们越来越远，直到变得遥不可及。所以，让我们珍惜当下，把握现在，用实际行动去追求梦想，让人生变得更加充实和有意义。

成长小课堂

当有很多事情要做的时候，我们要学会拒绝一些不必要的请求或者活动，把时间和精力用在重要的事情上。比如，如果今天有很多作业要做，我们就可以和朋友说："我今天作业很多，不能和你一起出去玩了。"

第四节　跳出舒适区

小朋友，你知道什么是舒适区吗？舒适区是心理学上的一个概念，是指一个人所表现的心理状态和习惯性的行为模式，人会在这种状态或模式中感到舒适。

比如，一个足球运动员，他踢了很多年足球，一直踢前锋位置，对这个位置非常熟悉，那前锋的这个位置就是他的舒适区。小朋友，你会不会问："既然舒适区是自己擅长的领域，那我为什么要跳出舒适区？"

跳出舒适区并不是要我们放弃自己擅长的东西，而是我们要去尝试新的挑战，去探索未知的领域，去发现更多的可能性。不过，跳出舒适区是一件很难的事情，我们不仅要克服内心的恐惧和不安，还要有足够的勇气和决心。但只要我们勇敢地迈出第一步，就能发现更广阔的世界。

当我们决定要跳出舒适区时，努力就体现在每一个为新挑战而做的准备里。比如，你原本擅长画画，舒适区就是那一方小小的画布，你可以用熟悉的色彩描绘着早已得心应手的图案。但当你想要跳出这个舒适区，去学习一门新的乐器时，就需要努力了。你会在课余时间，放弃玩耍的时光，坐在钢琴前，一遍又一遍地练习那些陌生的音符，手指因为长时间按压琴键而酸痛不已，可你依然咬牙坚持。这就是努力，它让你在面对陌生的领域时，不轻易言弃。

当你为了跳出舒适区不断努力时，你会发现自己的能力在不知不觉中得到了提升。就像你努力学习游泳，从最初只能在浅水区小心翼翼地扑腾，到后来能够熟练地在深水区畅游，甚至还能尝试一些高难度的泳姿。这种能力的提升会让你更加自信，而自信又会成为你继续努力的动力，形成一个良性循环。

> 成长是一场勇敢的冒险，唯有不断尝试，才能发现新的自我。

> 鹏鹏，弹得真好听！

> 我以前只觉得画画有趣，没想到弹吉他也很有趣！

周毓麟是我国核武器设计中数学研究工作早期的主要组织者和开拓者之一，同时也是非线性偏微分方程领域我国早期的主要开拓者之一。为了祖国的国防建设需要，周毓麟三次改变了自己的研究方向。第一次，他为祖国填补了偏微分方程理论的空白，放弃了已小有成就的拓扑学研究；第二次，他为我国第一颗原子弹、第一颗氢弹的研制成功做出了突出贡献；第三次，在年近六旬时，他又回到基础研究领域，着力以理论研究提升应用研究，并再次取得了显著成就。他的每一次"跳出舒适区"都取得了重大成就。

跳出舒适区并不是盲目的行动，而是需要有清晰的目标和充分的准备。在尝试新事物或挑战之前，我们需要对新事物或挑战有一定的了解，包括了解它的基本规则、所需要的技能以及可能遇到的困难。只有做好了充分的准备，我们才能更有信心地去面对挑战，也更容易取得成功。

恩格斯是一位出身于富裕工厂主家庭的天才思想家，他本可以轻松地继承家业，享受安逸且富足的生活。然而，恩格斯对底层工人的艰难生活产生了深切的同情，他渴望深入了解这些工人的真实处境，以便为他们争取更好的生活条件并改变阶级不平等的社会现状。

为了实现这一目标，恩格斯毅然决然地放弃了资产阶级的社交活动和宴会，将全部的空闲时间投入与普通工人的交往。他深知，只有真正深入工人的生活，才能了解他们的真实需求和困境。于是，恩格斯开始了长达 21 个月的艰苦调查。他走访了以伦敦和曼彻斯特为中心的十几座城市和乡镇，与工人们同吃同住，深入了解他们的日常生活和工作状况。

经过不懈的努力和深入的调查研究，恩格斯撰写了《英国工人阶级状况》一书。这部专著首次全面且真实地反映了工人阶级的生活状况，揭示了资本主义社会的阶级矛盾和剥削本质。这本书出版后不仅引起了社会的广泛关注，更对后来的马克思主义理论产生了深远的影响，为工人阶级的解放事业提供了有力的理论支持。

舒适区虽然让我们感到轻松和愉快，但它也限制了我们的成长和视野。只有勇敢地迈出第一步，去尝试新的挑战，去探索未知的领域，我们才能发现更广阔的世界，体验不一样的人生。

成长小课堂

在成长的过程中，我们要勇于尝试新事物，敢于挑战自己的极限。

每天学习结束后，花点时间反思和总结。思考自己学到了什么，有哪些不足，如何改进。这样有助于巩固所学知识，提高学习效率。

第五节　不怕慢，就怕站

"不怕慢，就怕站。"这句话出自《增广贤文》，它告诉我们，无论我们的目标有多么远，只要我们一直向前走，哪怕走得慢一些也不用担心。但如果停止前进，就永远无法到达终点。

每个人的能力和起点都不同，在追求目标的过程中，每个人所花费的时间也会有所不同。有些人可能具备某些优势，能够更快地达到目标；而有些人可能需要付出更多的努力，才能逐渐接近自己的目标。

但这并不意味着起点低或进展慢的人就不能成功。相反，只要我们保持坚定的信念，持续不断地努力，就一定能够逐渐缩小与他人的差距，并最终实现自己的目标。

每件事都需要付出努力，我们才能一点点地提升。在龟兔赛跑的故事中，乌龟和兔子决定进行一场比赛。兔子跑得非常快，它自信满满地认为自己一定会赢得比赛，因此在比赛途中停下来休息，甚至睡起了觉。而乌龟呢，虽然它跑得很慢，但它从未停下脚步，一步一步地坚持着向终点前进。当兔子醒来时，它发现乌龟已经快到终点了。尽管兔子拼命地追赶，但还是没能赶上，最终乌龟赢得了比赛。

兔子虽然跑得快，但它停下来休息，最终输掉了比赛。而乌龟虽然跑得慢，但它从未放弃，一直坚持到终点，最终取得了胜利。

慢一点没关系，只要方向明确并且正确，那么你的每一分努力都不会白费。就像铁杵最终会被磨成绣花针，这个过程虽然漫长且辛苦，但只要我们不停下来，就一定能够收获属于自己的成功。

在西晋时期，有一位名叫左思的文学家。他小时候读到了张衡的《二京赋》，深受启发，决定将来也要写一篇文章，那就是《三都赋》。

不怕慢，就怕站。

妈妈，这道题我终于做出来了，虽然用了很长时间，但是我做出来啦！

然而，左思的这个决定并没有得到周围人的认可。比如，陆机听到后就笑话他，说像左思这样的人怎么可能写出《三都赋》这样的大作品呢？即使写成了，他的作品也一定没有什么价值，只能用来盖酒坛子。

但是，左思并没有因为别人的嘲笑而放弃，他坚信只要努力，就一定能够实现自己的梦想。于是，他开始动笔写作，边工作生活，边写文章。这个过程充满了艰辛和挑战。

左思听说张载曾游历过四川，就多次去向他请教，了解当地的山川、物产、风俗。他广泛搜集资料，花费了大量的时间和精力。为了写出更加生动、真实的文章，他常常需要深入研究和思考，这对他来说是一项艰巨的任务。

尽管如此，左思并没有放弃。他坚持每天写作，不断修改和完善自己的作品。为了随时记录灵感，他在家里的墙角、厕所等地方都放置了纸笔，一旦想到好的词句就随手写下来。有时候，他会花费整夜的时间来修改一个句子或者段落，以确保文章的完美。

经过长达十年的不懈努力，左思终于完成了《三都赋》。这篇文章不仅展示了他的才华和毅力，更让人们看到了他对文学的热爱和追求。《三都赋》完成后，它的价值很快得到了认可。名家皇甫谧看到后惊叹不已，认为这是一部佳作。一时间，众人都争相传抄诵读，洛阳的纸都因此卖到了脱销，"洛阳纸贵"这个成语就是从这里来的。

左思面对外界的嘲笑与质疑，没有选择退缩或停滞不前，而是坚定地踏上了创作《三都赋》的漫长征途。他用十年的时间，慢慢积累，细细打磨，每一步都走得扎实而坚定。他没有因为进展缓慢而焦急，也没有因为路途艰难而放弃。

左思的故事告诉我们，成功往往不属于那些急功近利、急于求成的人，而是属于那些能够耐得住寂寞、坚持不懈、勇于面对困难并克服它们的人。

成长小课堂

学习一门新技能、掌握一项新知识，都需要我们投入时间和精力。起初可能进步缓慢，但只要我们坚持下去，不断尝试和实践，就一定能够逐渐看到成果。

更重要的是，无论外界环境如何变化，我们都应保持稳扎稳打、勿忘初心的态度，坚守内心的平静和坚定。

面对学习中的挑战和困难，不要急于求成。有时候，放慢脚步，深入思考，反而能够找到更好的解决方案。

第六节　在信息爆炸的时代，更要保持努力的方向

　　小朋友，你有没有发现，不同的人对于同一件事情往往会有不同的看法，并且他们都能给出各自合理的理由。

　　比如，对于学习舞蹈这件事情，有的小朋友非常喜欢，觉得舞蹈可以表达自我、追求美感，每一次的旋转跳跃都能带来喜悦和成就感；而有的小朋友就不喜欢，觉得学习舞蹈需要投入大量的时间和精力去练习基本功和编排动作，是一项既辛苦又枯燥的任务。

　　这是为什么呢？这主要是因为每个人的经历、兴趣、性格都不同。世界上没有两片相同的叶子，我们每个人也都是独一无二的。所以，当我们和其他小朋友观点不同时，我们要学会尊重对方。毕竟，每个人都有自己的喜好和想法，我们不能强迫别人改变，当然也不能轻易被别人的意见左右。

　　从前，一个老翁和一个孩子拉着一头驮着货物的驴子去赶集，货物卖完了，老翁让孩子骑在驴背上，自己牵着驴往回走。这时路人说："这孩子真不懂事，年纪轻轻地骑着驴，让老翁在地上走，怎么这么不孝呢！"孩子听见了，赶紧从驴背上下来，让老人骑到驴背上。又有路人议论说："这老头儿真不心疼孩子，自己骑驴，

让一个小孩来牵驴，他怎么忍心呢！"老翁听后，急忙把孩子也抱到了驴背上。不料又有人说："两人都坐在驴背上，这驴子可真辛苦！"老翁和孩子只好全都跳下驴背，一个在前牵驴，一个在后跟着驴走。路人看见后，又笑话他们说："这爷孙俩，现成的驴不骑，却在地上费劲地走！"这个夸张可笑的故事，告诉了我们一个道理：做人要有自己的想法，不能被别人牵着鼻子走。

在面对他人的议论时，老翁和孩子失去了自己的判断，盲目地听从别人的意见，结果让自己陷入了尴尬的境地。这个夸张可笑的故事告诉了我们一个道理：我们要动脑自己思考问题，要有自己的

坚定自己的选择，不要被别人的话影响。

同学们，你们都有什么爱好？

我喜欢跳舞。

我喜欢画画。

我喜欢滑冰。

想法，要有判断是非的能力，不能被别人牵着鼻子走，不要人云亦云。

还有个小故事叫"邯郸学步"。战国时期，燕国寿陵有个少年听说赵国邯郸人走路的姿势特别优雅，连走路时摇摆的衣袖都像在跳舞。他羡慕极了，就决定去学习。

他风尘仆仆地赶到邯郸，踏入城门后看见大街上的邯郸人走路姿势确实都很优雅，仪态万千，举手投足间尽显风度翩翩。他立刻跟着模仿起来，人家迈左脚，他也迈出左脚；人家换右脚，他也换右脚。他学得非常认真，可是，这邯郸人走路的姿势看似简单，学起来难如登天。少年学了几天，不但没学会，反而越走越别扭，走路姿势比以前还难看。

少年心里有点着急了，他想："肯定是我之前的走路方式太有问题了，我得把它彻底抛弃，才能学会新姿势。"于是，他开始从头学走路，每迈出一步都要仔细琢磨下一步的动作。他白天学，晚上学，连做梦都在练习走路。

就这样，他废寝忘食地学习了三个月。这三个月里，他每天都在刻苦练习，可结果让他大失所望。他始终没有学会邯郸人的走路姿势，反而把自己原来的走路方式忘得一干二净。

最后，少年彻底不知道该怎么走路了。最后，他只能趴在地上，手脚并用爬回了家。村里人看见他这副模样，都笑得直不起腰。少年哭着说："我本来想学更好的走路方法，现在连路都不会走了！"

在信息爆炸的时代，我们每天都会听到各种各样的声音和意见。就像这个少年一样，他听到别人说邯郸人走路姿势优雅，就盲目地想去学习，结果却失去了自己的本真。我们在生活中也会遇到很多这样的情况，比如，有的小朋友看到别人学画画画得很好，就想去学画画，可是自己其实更喜欢唱歌；有的小朋友看到别人学跳舞跳得很棒，就想去学跳舞，可是自己对跳舞一点兴趣都没有。

当我们在遇到不同的声音时，可以先问问自己："这是我想做的吗？我为什么要这么做？"当我们心里有了答案，就勇敢地朝着那个方向走吧！哪怕走得慢一点，哪怕会摔倒，但每一步都会让我们离真正的自己更近一点。

就像那句老话说的："走自己的路，让别人说去吧。"

成长小课堂

我们要明确自己的目标。只有当我们知道自己想要什么时，我们才能够有针对性地努力。

我们要学会倾听别人的意见和建议。但是，在倾听的同时，我们也要保持自己的主见和判断力。

第五章

成为自己的光、照亮自己的路

第一节 即使失败，内心也充满能量

努力真的有用吗？坚持就一定会成功吗？这些问题看似简单，却常常困扰着我们的内心，让我们在追求梦想的路上犹豫不决。

小朋友，努力并不意味着一定会成功。有时候，即使我们付出了所有的努力，可能也无法达到预期的目标。但是，这并不意味着我们的努力是徒劳的。因为在这个过程中，我们已经收获了成长和进步，收获了一个更加积极向上、更加优秀的自己。

不要害怕努力，也不要担心失败，努力的过程中收获的经验，会让我们在未来的道路上更加从容不迫。

苏轼，字子瞻，号东坡居士，是北宋时期著名的文学家、书法家、画家和政治家。他才华横溢，被誉为"唐宋八大家"之一，他的作品流传千古，影响深远。

苏轼出身于书香门第，自幼便展现出过人的才情与志向。他饱读诗书，才华横溢，年少时便立下宏图大志，渴望在仕途上有所作为，为国家、为人民贡献自己的力量。

然而，他的仕途充满了坎坷与波折。从政期间，他因才情出众、直言不讳而多次得罪权贵，并多次被贬。从京城到地方，他的足迹遍布大江南北。但正是这些不幸的遭遇，让他有机会深入民间，体验百姓疾苦，从而创作出更加贴近人心、反映现实的文学作品。

在贬谪期间，苏轼曾一度陷入困境，生活艰难。然而，他并没有因此而消沉，反而以乐观的心态面对困境。他亲自耕种，自给自足，与当地百姓同吃同住，深刻体会到了劳动的乐趣与生活的真谛。

努力坚持，就算没达到目标，也会让生活变得更精彩。

航航这次数学考了98分，进步非常大，大家给他鼓掌！

本来希望可以考100分的，不过98分也不错了！

在文学方面，苏轼的作品风格多样，既有豪放奔放的诗篇，也有深情细腻的散文。他的诗篇《江城子·密州出猎》中，"老夫聊发少年狂，左牵黄，右擎苍"的豪迈气概，让人感受到他内心的激情与力量。而他的散文《赤壁赋》则以细腻的笔触，描绘了赤壁之战的壮丽景象，表达了他对人生的深刻思考。

苏轼还是一位杰出的书法家、画家，在书法领域，他独创"苏体"，他的作品风格独特，既有古人的神韵，又融入了自己的个性与情感；在绘画方面，他善于捕捉自然之美，将山水、花鸟等自然景物描绘得栩栩如生，充满了诗意与画意。

尽管苏轼的仕途充满坎坷，但这并不能说明他是失败的。他始终坚守对美好生活的追求与向往，在逆境中不仅没有倒下，反而越发坚强和积极，成为文学家、书法家、画家。

除了苏轼，历史上还有很多人物也经历了类似的命运波折。屈原，名平，字原，是中国战国时期楚国的一位伟大诗人、政治家和思想家，他生活在公元前340年至公元前278年之间。屈原出身于楚国贵族家庭，自幼便展现出卓越的才华和崇高的理想。他深受楚文化的熏陶，对国家和人民怀有深厚的感情。

屈原年轻时曾担任楚国的左徒，负责国家的内政和外交事务。他坚守着忠诚和正直的品格，致力于推动楚国的改革和发展。然而，由于他的政治主张与当时楚国宫廷中的保守势力相冲突，他多次受到排挤和陷害，最终被流放至汨罗江畔。

在流放期间，屈原的内心充满了悲愤和无奈。他目睹了楚国的衰落和人民的苦难，却无力改变这一切。然而，他并没有因此放弃对美好生活的追求和对国家未来的希望。他将满腔的热情和才华投入文学创作，创作出了《离骚》《九歌》《天问》等一系列不朽的诗篇。这些诗篇不仅表达了他对楚国命运的忧虑和对百姓的热爱，还展现了他对自然、宇宙和人生的深刻思考。

尽管屈原最终未能实现他的政治抱负，但他的文学作品流传千古，成为中华民族宝贵的文化遗产。

小朋友，努力与坚持即使未能直接达成最初的目标，也会以另一种方式开花结果。所以当我们在未来的道路上遇到困难和挑战时，请不要轻易放弃。即使最终的结果并不如你所愿，但在这个过程中，我们会收获成长、智慧和更多的人生体验。

成长小课堂

即使面对失败和挫折，我们也要保持内心的能量和信念。

失败不是终点，而是成长的催化剂。它让我们学会反思，学会坚持，更重要的是，它让我们明白，每一次跌倒都是为了更好地站起来，每一次失败都是通往成功的必经之路。

第二节　你的价值由你自己决定

小朋友，你有没有遇到过这样的情况呢？有人对你说了一些较为负面的话，或者老师表扬了别人没有表扬你，心里有点难过。又或者，你最好的朋友突然和别的小朋友玩得很好，你觉得自己被忽略了，心里有点失落。

小朋友，你在遇到这些情况时，心里会想："是我哪里做得不好吗？"如果你这样想，那可能是因为你还没有完全了解自己的价值。

打个比方，你有一支非常喜欢的彩色画笔，你可以用它画出各种各样美丽的图画。有一天，你不小心把这支画笔弄丢了，你可能会感到有些难过，因为那支画笔对你来说很重要。但是，你不会因为画笔丢失就怀疑自己的画画能力，对吧？因为你知道，画画的能力并不依赖于那一支特定的画笔，你还有其他的画笔。

别人可能说了一些让你不开心的话，或者没有给你足够的赞赏，但这并不代表你不好或者没有价值。你的价值是内在的，不会因为别人的几句话而改变。

有这样一个案例。在一次公开课上，一位著名的成功学家站在讲台上，手里高举着一张崭新的 20 美元钞票。

他看着台下的听众，微笑着问道："谁要这张 20 美元的钞票？"瞬间，无数只手高高举起。

他接着说："我打算把这 20 美元送给你们中的一位，但在这之前，我要做一件事。"

说着，他轻轻地将钞票揉成一团，紧接着再次询问："现在，这张被揉皱的钞票，谁还想要？"仍有人举起手来。

他又说："假如我这样做呢？"他把钞票扔到地上，并用脚踩了上去。然后，他捡起那张已经变得又脏又皱的钞票，举到眼前，

> 每个人都是独一无二的，拥有自己独特的价值和光芒。

> 唉，最近考试总是考不好，我是不是太笨了？

> 你篮球打得很好啊，跑步也很快！

再次问道："现在，还有人要吗？"尽管钞票已经面目全非，还是有人举起手来。

他缓缓开口："朋友们，我们刚刚上了一堂很有意义的课。这张钞票，不论是揉它，还是踩它，它的价值都不会有变化，依然是20美元。在人生的道路上，我们可能会摔倒，或被人误解，甚至有时候我们会觉得自己好像做错了很多事情，变得一文不值。但事实上，无论发生过什么，或者将要发生什么，你的价值都不会丢失。"

历史上也有许多伟人的故事，能够激励我们在面对挫折时依然坚守自己的价值。比如，司马迁，一个出身于世代为官家庭的史学家，他自幼便展现出对历史的浓厚兴趣。他勤奋学习，广泛涉猎，深受父亲司马谈的教诲与影响。在家庭的熏陶下，司马迁逐渐形成了自己独特的历史观与价值观，立志要撰写一部通史，以传承华夏文明。

为了实现这一志向，司马迁踏上了游历之路。他遍访名山大川，实地考察历史遗址，搜集民间传说，积累了丰富的历史资料。在游历的过程中，他不仅增长了见识，还结识了许多有才华的朋友，共同讨论历史，交流学术心得。这些经历为司马迁后来编写《史记》奠定了坚实的基础。

然而，命运似乎并不眷顾这位才华横溢的史学家。在《史记》编写的过程中，司马迁却遭遇了一些困难。公元前99年，汉朝与匈奴发生了战争，李陵将军率领五千骑兵出征匈奴，但因寡不敌众而战败投降。李陵原本是一个英勇善战的将领，他的失败引起了汉朝皇帝和大臣们的极大不满。司马迁作为李陵的朋友，为他辩护说："李陵将军虽然战败投降，但他并没有放弃抵抗，而是希望能够寻找机会重新为国家效力。"然而，这个辩护并没有得到皇帝和大臣们的认可，反而使司马迁陷入了困境。

公元前98年，司马迁被判处宫刑。在那个时代，宫刑被视为奇耻大辱，不仅是对身体的摧残，更是对人格的极大侮辱。然而，司马迁并没有因此而放弃自己的志向。相反，他更加坚定了撰写史书的决心，以极大的毅力和勇气继续奋笔疾书。在狱中，司马迁忍受着身心的双重痛苦，终于完成了这部被誉为"史家之绝唱，无韵之离骚"的《史记》。

司马迁的故事告诉我们，一个人的价值并非由外界定义，而是由我们自己决定。面对困难和挫折，只要我们不放弃自己，坚持自己的梦想和信念，就一定能够实现自己的人生价值。

成长小课堂

每个人都是独一无二的，都有自己的闪光点和价值所在，不要因为他人的言语或态度而否定自己。当遇到困难和挑战时，我们要勇敢地面对，坚定地相信自己。

第三节　结交优秀的朋友

小朋友，你听过"近朱者赤，近墨者黑"这句话吗？它的意思是说，如果我们常常和勤奋好学、积极向上的人在一起，我们也会受到他们的正面影响，变得更加努力和优秀。反过来，如果我们周围的人都不求上进，整天浑浑噩噩，那么我们可能也会变得消极，失去前进的动力。

你知道吗？当我们和勤奋好学、积极向上的人在一起时，我们可以从他们身上学到很多新知识和好方法。这些知识和方法会让我们变得更加聪明，视野变得更开阔。

如果我们和学习很好的小朋友一起玩，我们可能会发现他们的学习习惯很好。比如，他们每天都会读很多书，写字也非常漂亮，还会主动做很多练习题来巩固知识。这些好习惯和好方法，会潜移默化地影响我们，让我们也变得更加热爱学习，更加认真地对待每一次作业和考试。

然而，如果我们和那些不太努力、成绩不太好的小朋友一起玩，可能就不太容易进步了。这并不是说他们不好，而是他们可能缺乏一些好的学习习惯和方法。在这样的环境中，我们可能会变得懒惰，不愿意学习，甚至觉得自己已经够好了，不需要再努力。这种想法是非常危险的，因为它会让我们失去前进的动力，变得越来越差。

当孟子还是小孩子的时候，他的母亲非常注重他的教育，希望他能够成为一个有学问、有品德的人。

起初，孟家住在一片墓地附近。孟子常常看到人们出殡、哭丧的场景，于是他也学着玩起办丧事的游戏。孟母看到这种情况，认为这样的环境不利于孟子的成长，于是决定搬家。

孟母带着孟子搬到了一个集市附近。集市上人来人往，非常热

成功最大的捷径，就是和优秀的人一起成长。

锐锐，最近怎么到家就开始写作业了？

我的好朋友鹏鹏和我说，他回家后的第一件事就是写作业，写完作业再玩。我也要先写作业。

闹。孟子又开始模仿集市上的人们做买卖、讨价还价。孟母再次觉得这样的环境对孟子不利，于是又决定搬家。

最后，孟母带着孟子搬到了一所学堂附近。这里书声琅琅，有着浓厚的学习氛围。孟子每天都能够听到学生们的读书声，看到他们勤奋学习的样子。在这样的环境中，孟子也受到了感染，开始努力学习，最终成为一位伟大的思想家和教育家。

孟母三迁的故事告诉我们，环境对人的成长有着非常重要的影响。我们应该选择那些有利于我们成长的环境，和优秀的人在一起，共同学习、进步。

小朋友，你想成为什么样的人，就要努力靠近什么样的人。选择与优秀的人同行，就像为自己铺设了一条通往未来的光明之路。

所以，我们要选择那些能够让我们变得更好的朋友，和他们一起成长。这并不是说要排斥那些成绩不太好的小朋友，而是说我们要有选择性地交朋友，和那些能够给我们带来正面影响的人在一起。同时，我们也要努力成为别人眼中的优秀朋友，用自己的行动去影响和带动他人。

在春秋时期，管仲和鲍叔牙是两位杰出的政治家，他们之间的友情和合作成了千古佳话。

管仲家庭贫困，而鲍叔牙则家境富裕。然而，这并没有阻碍他们之间的友谊。相反，鲍叔牙总是无私地帮助管仲，理解他的处境和难处。他们一起合伙做生意，尽管管仲出的本钱少，但分红时拿得多，鲍叔牙对此从不计较，因为他知道管仲的家庭负担大。

　　管仲曾经三次为官，但每次都被罢免，鲍叔牙坚信管仲有才能，只是没有遇到赏识他的人。后来，管仲和鲍叔牙各自辅佐不同的王子，但当管仲辅佐的王子失败后，鲍叔牙并没有因此疏远他，反而在自己有机会成为齐国丞相时，大力举荐被囚禁的管仲。鲍叔牙深知管仲的才能远超自己，只有管仲才能帮助齐桓公实现称霸天下的梦想。

　　在管仲和鲍叔牙的共同努力下，齐国成为诸侯国中最强大的国家，齐桓公也成为诸侯王中的霸主。

　　这个故事告诉我们，在努力的过程中，有朋友的支持和合作是多么重要。就像管仲和鲍叔牙一样，他们因为共同的理想和信念而走到一起，相互扶持、共同进步，最终取得了巨大的成功。

成长小课堂

　　小朋友，我们要选择与优秀的人结交，这样我们才能受到正面的影响，变得更加努力和优秀。

　　我们也要努力成为别人眼中的优秀朋友，去帮助和支持他人。

第四节　人生的成长与进步

　　成长是每个人必经的历程。我们每个人都会经历从牙牙学语到蹒跚学步，从懵懂无知到明理懂事的过程。然而，真正的成长并不仅仅体现在年龄的增长或知识的积累上，更重要的是内心的觉醒。

　　自我觉醒，是成长的起点。这时我们开始意识到自己的不足，开始反思自己的行为，并且开始追求更高、更远大的目标。

　　进步是从改变自己开始的。当我们发现了自己的不足时，我们才会开始努力学习，提升自己的能力。我们会在逆境中寻找机遇，在失败中吸取教训，在成功中保持谦逊。

　　在三国时期，有这样一位将领，他以勇武著称，却又不甘于仅仅停留在武艺的层面，他就是吕蒙。

　　吕蒙最初是以勇猛善战而闻名于世的。在那个英雄辈出的时代，他凭借出色的武艺，在战场上屡建奇功，赢得了同僚和敌人的尊敬。孙权是吴国的君主，他看到了吕蒙的潜力，亲自劝说吕蒙，鼓励他学习文化，提升自己的见识。吕蒙开始意识到，作为一个将领，仅有勇武是不够的，还需要文化才能更好地指挥军队。

　　吕蒙开始用心学习，经过不懈的努力，他从一个缺乏文化的武将成长为一个有文化、有见识的将领。

吕蒙的成长故事还教会了我们一个重要的道理：保持谦逊。即使他后来变得非常有学问，也从未忘记自己最初想要学习的心。他对待知识总是很尊重，也很想知道更多自己不懂的事情。这种谦逊和想要学习的态度帮助他一直在进步，让他能够不断达到人生的新高度。

另一个谦逊好学的例子则是孔子。孔子在鲁国的时候，找了一位名叫师襄的老师学习弹琴。他学习得非常认真，每一首曲子都会反复练习很多次，想要弹得更好。

当孔子学会了一首曲子后，他并没有急着去学下一首。相反，

真正的智慧在于认识到自己的不足。

这次错了不少题，我要把它们都抄到错题本上，下次一定不能再错了！

他会继续花时间钻研这首曲子，努力理解它背后的意思和情感。

师襄老师看到孔子这么用心，就对他说："你已经弹得很好了，可以开始学新的曲子了。"但孔子摇摇头说："我还没有完全明白这首曲子的深意，我要继续练习，直到真正懂它。"

于是，孔子继续练习、思考，直到有一天，他觉得自己真的理解了这首曲子。他不仅学会了怎么弹，还知道了曲子想要表达的意思。

当师襄老师再次听到孔子弹这首曲子时，他非常惊讶和高兴，因为孔子的音乐才华和对曲子的理解都让他感到非常佩服。

孔子是一个非常谦逊和好学的人。他不会因为自己已经会了一些东西就满足，而是会一直努力，想要做得更好。

小朋友，无论我们有多么聪明，有多么多的知识，都要保持一颗谦逊的心。因为在这个世界上，总有我们不知道的事情，总有我们可以学习的地方。只有愿意向别人学习，我们才能不断进步。

成长小课堂

人生的成长与进步离不开自我觉醒和谦逊的态度。自我觉醒让我们看到自身的不足并追求进步，谦逊的态度则让我们保持学习的热情并愿意向他人请教。